ALBRECHT BAY

Einführung
in die Nomographie

Viewegs
Fachbücher
für den
Techniker

Albrecht Bay

Einführung in die Nomographie

Mit 93 Bildern

FRIEDR. VIEWEG & SOHN
BRAUNSCHWEIG 1963

ISBN 978-3-322-96091-7   ISBN 978-3-322-96225-6 (eBook)
DOI 10.1007/978-3-322-96225-6

Vorwort

Obwohl die Bedeutung der Nomographie in der technischen Praxis immer mehr erkannt wird, stehen an den Technikerschulen und selbst an den Ingenieurschulen im Rahmen des mathematischen Unterrichts nur wenige Stunden für dieses Gebiet zur Verfügung. Das vorliegende Buch soll helfen, diese Diskrepanz zu beseitigen. Es ist deshalb so geschrieben, daß es sowohl für den Unterricht als auch für das Selbststudium benutzt werden kann. In stofflicher Hinsicht ist etwa der Inhalt des Lehrbuches Gasse, Mathematik für technische Berufe, Band I, Arithmetik und Algebra, das ebenfalls innerhalb der Reihe VIEWEGS FACHBÜCHER FÜR DEN TECHNIKER erscheint, vorausgesetzt. Die geometrischen Beziehungen sind vollständig hergeleitet, und die praktische Darstellung ist sorgfältig erklärt. Es wurde jedoch weniger Wert auf die streng mathematische Behandlung der einzelnen Nomogrammtypen gelegt als vielmehr auf ihre geometrische Darstellung für den praktischen Gebrauch. Zahlreiche Beispiele sollen zum Verständnis beitragen.

Im vorliegenden Buch werden die in der Praxis hauptsächlich vorkommenden drei Nomogrammtypen behandelt: Summentafel, Z-Tafel und Kehrwerttafel. Dies sind Nomogramme mit geraden Leitern, die mit verhältnismäßig wenig zeichnerischem und mathematischem Aufwand entworfen werden können.

Sämtliche Zeichnungen wurden aus Raumgründen im Maßstab 1 : 2 verkleinert. Hierauf ist beim eventuellen Abgreifen von Werten aus den Darstellungen zu achten.

Verfasser und Verlag danken Herrn Dr. Friedrich Schwank, Kassel, sowie Herrn Oberstudienrat Ing. Franz Riegel, Fürth-Burgfarrnbach, für die kritische Durchsicht des Manuskriptes. Die Leser dieses Buches bitten wir, nicht mit Verbesserungsvorschlägen für die folgende Auflage zurückzuhalten.

Im Januar 1963

Verfasser und Verlag

Inhaltsverzeichnis

Formelzeichen, Maßeinheiten und Abkürzungen

A	Ampere
A	Fläche, Querschnitt
a	Abstand
a	Beschleunigung
a	Kathete
a	Koordinate
a	Veränderliche
a_m	Mittelwert
α	Wattmeterausschlag
α	Winkel
b	Breite
b	Kathete
b	Koordinate
b	Veränderliche
β	Winkel
c	Koordinate
c	Veränderliche
c	Wattmeterkonstante
c	Zenti-
cos	Cosinus
$\cos \varphi$	Leistungsfaktor
cot	Cotangens
d	Dezi-
d	Durchmesser, Strecke
E	Elastizitätsmodul
e	Abstand
e	Strecke
η	Wirkungsgrad
f	Funktion
G	Gewicht
GD^2	Schwungmoment
γ	Wichte
γ	Winkel
h	Höhe
I	Stromstärke
J	Trägheitsmoment
k	Kilo-
l	Lagerabstand
l	Länge
lg	Zehnerlogarithmus
m	Maßstab
m	Meter
m	Milli-
min	Minute
n	Drehzahl
Ω	Ohm
P_e	Nutzleistung
P_i	aufgewendete Leistung
P_s	Scheinleistung
P_w	Wirkleistung
PS	Pferdestärke
p	Leiterabstand
p	Pond
q	Leiterabstand
R	Widerstand
R_ges	Gesamtwiderstand
ϱ	spezifischer Widerstand
s	Sekunde
s	Weg
sin	Sinus
t	Zeit
tan	Tangens
U	Spannung
u	Veränderliche
V	Volt
V	Volumen
v	Schnittgeschwindigkeit
v	Veränderliche
W	Watt
W	Widerstandsmoment
w	Veränderliche
x	Koordinate
x	Veränderliche
y	Koordinate
y	Veränderliche
z	Veränderliche

I. Wesen der Nomographie

Die Nomographie ist ein mathematisches Verfahren, unbekannte Größen durch zeichnerische Darstellung zu ermitteln. Durch die Darstellung der mathematischen Beziehungen auf der Zeichenebene im Sinne der Nomographie entsteht das *Nomogramm*, das auch *Fluchtlinientafel* oder schlechthin *Rechentafel* genannt wird.

Die Nomographie stellt grundsätzlich mathematische Beziehungen mehrerer Veränderlicher allgemein dar. Die Mindestzahl der zu erfassenden Veränderlichen ist drei. Diese werden dadurch zueinander in Beziehung gesetzt, daß jeweils drei die dargestellten Gleichungen befriedigende Werte in der Zeichenebene auf einer geraden Linie, der *Fluchtlinie* liegen. Sind also zwei der drei Veränderlichen gegeben, so ist durch die entsprechenden Punkte der Darstellung eine Gerade zu ziehen. Auf dem System der dritten Veränderlichen ist dann derjenige Punkt der gesuchte, der auf dieser Geraden liegt.

Daraus ergibt sich, daß zur Durchführung einer Einzelrechnung jeweils nur das Ziehen einer Geraden, d. h. praktisch nur das Anlegen eines Lineals, erforderlich ist. Das ist für die Geschwindigkeit und Übersicht des Rechenvorgangs vorteilhaft.

Ist daher eine Darstellung der der Berechnung zugrunde liegenden Funktion gefunden, so ist die eigentliche Rechenarbeit eine handwerkliche, d. h. die eigentliche Rechnung braucht nicht mehr ausgeführt zu werden, sondern es sind lediglich Punkte aufzusuchen und Geraden zu ziehen.

Das Rechnen mit Hilfe von Nomogrammen bringt hinsichtlich des Zeitaufwandes und der geistigen Anstrengung eine wesentliche Entlastung für den Rechnenden, die beim reinen Zahlenrechnen niemals zu erreichen ist.

Bild 1 zeigt eine Rechentafel für die Gleichung $u + v = w$. Dabei sind die Größen u, v und w veränderlich, und zwar durchlaufen die Veränderlichen u und v die Zahlenwerte von 0 ... 20 und die Veränderliche w die Zahlenwerte von 0 ... 40. Die Zahlenbereiche der drei Veränderlichen u, v und w sind auf ihren Skalensystemen 1, 2 und 3 so angeordnet, daß die auf einer beliebigen Geraden g, einer Fluchtlinie, liegenden Zahlenwerte für u, v und w die Gleichung $u + v = w$ befriedigen. So erhält man beispielsweise für $u = 9$ und $v = 13$ durch Ziehen einer Geraden durch diese Punkte für w den Wert 22. Es ist $9 + 13 = 22$.

In dieser Rechentafel sind alle Lösungen der Gleichung $u + v = w$ für die Zahlenbereiche $u = 0 \dots 20$ und $v = 0 \dots 20$, bzw. $w = 0 \dots 40$ enthalten. Außerdem können die Gleichungen $w - u = v$ und $w - v = u$ für diese Zahlenbereiche gelöst werden; es ist z. B. $22 - 9 = 13$.

Zur Darstellung verschiedener Nomogrammtypen für verschiedene Gleichungssysteme können nun verhältnismäßig einfache geometrische Beziehungen abgeleitet werden.

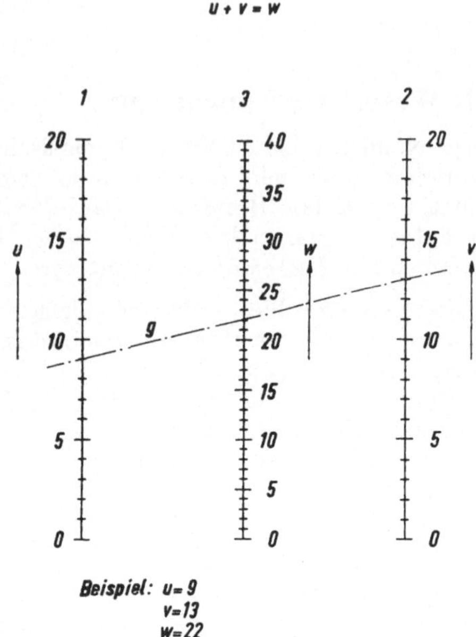

Bild 1. Nomogramm $u + v = w$

II. Grundbegriffe der graphischen Darstellung von Zahlen und Gleichungen

A. Entstehung einer Leiter

1. Zahlenstrahl

Der *Zahlenstrahl* (Bild 2) ist eine graphische, d. h. bildliche Darstellung der natürlichen Zahlen 1, 2, 3 usw. Er entsteht auf folgende Weise: Man trägt auf einem Strahl von dessen Anfangspunkt, dem Nullpunkt, aus z. B. nach rechts hin eine beliebige Einheitsstrecke, z. B. 1 cm, wiederholt ab und schreibt an die erhaltenen Teilpunkte die aufeinanderfolgenden natürlichen Zahlen. Der in das Unendliche laufende Strahl entspricht der in das Unendliche fortgesetzten Zahlenreihe. Jeder Zahl entspricht ein Punkt des Strahls.

Jeder Zahl kann aber auch eine Strecke zugeordnet werden, deren Anfangspunkt der Nullpunkt des Zahlenstrahls und deren Endpunkt der der Zahl entsprechende Punkt auf dem Strahl ist. Die Länge der

Strecke erhält man dann aus der Zahl selbst, vervielfacht mit der Einheitsstrecke als Längengröße. Diese Einheitsstrecke kann als Maßstab aufgefaßt werden, z. B. Maßstab $m = \dfrac{1\ \text{cm}}{\text{Einheit}}$ (gesprochen: 1 cm je Einheit). Eine andere Schreibweise ist 1 cm/Einheit.

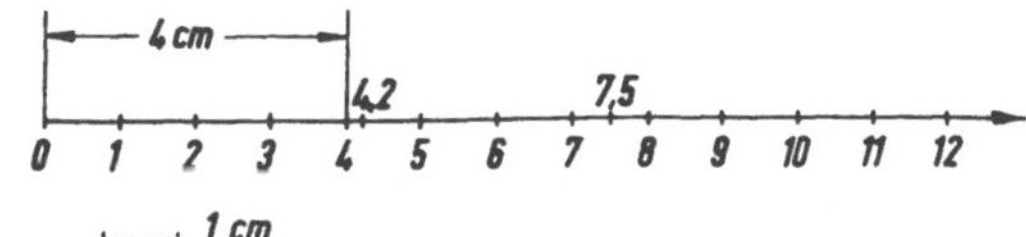

Bild 2. Zahlenstrahl

So entspricht in Bild 2 beispielsweise der Punkt 4 auf dem Zahlenstrahl der Zahl 4; die entsprechende Strecke beträgt vom Nullpunkt aus gemessen 4 Einheiten · 1 cm/Einheit = 4 cm.

Sollen auf dem Zahlenstrahl auch gebrochene Zahlen dargestellt werden, so stehen diese zwischen den ganzen Zahlen, z. B. 4,2 oder 7,5 in Bild 2.

2. Zahlengerade

Um auch die negativen Zahlen -1, -2, -3 usw. bildlich zu erfassen, verlängert man den Zahlenstrahl über seinen Nullpunkt hinaus nach links zu einer *Zahlengeraden* (Bild 3). Man trägt dann ebenfalls vom Nullpunkt aus, jedoch nach links hin, die Einheitsstrecke wiederholt ab und schreibt an diese Teilpunkte die aufeinanderfolgenden negativen Zahlen.

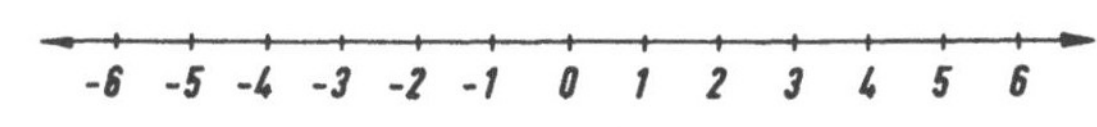

Bild 3. Zahlengerade

Die Richtung der Zahlengeraden zu größeren Zahlenwerten hin bezeichnet man als *positive Richtung* der Geraden. Es ist dabei zu beachten, daß die absoluten Werte der negativen Zahlen in positiver Richtung abnehmen. Es ist z. B. -6 kleiner als -5.

3. Leiter

Da jede graphische Darstellung eine endliche Ausdehnung hat, nämlich die Begrenzung des Zeichenblattes, so kann naturgemäß bei einem dem jeweiligen Zweck entsprechend gewählten Maßstab nur ein bestimmter Zahlenbereich dargestellt werden. Dabei braucht der Zahlenbereich nicht mit Null zu beginnen, sondern es kann ein ganz bestimmter Ausschnitt aus einer Zahlenreihe, z. B. der Zahlenbereich von 5 ... 30, dargestellt werden.

Trägt man nach Festlegung des Zahlenbereichs und des Maßstabs eine Zahlenfolge auf einer Linie auf und kennzeichnet die einzelnen Punkte mit Teilstrichen, so entsteht eine der Zahlenfolge entsprechende *Skala* (*Leiter*). Dabei braucht die Leiter nicht unbedingt geradlinig zu sein (krummlinige Leiter, Bild 4). In der Regel wird man jedoch die geradlinige Darstellung (Bild 5) vorziehen.

Die Linie, auf der die Teilstriche markiert werden, wird als *Teilungsträger* bezeichnet.

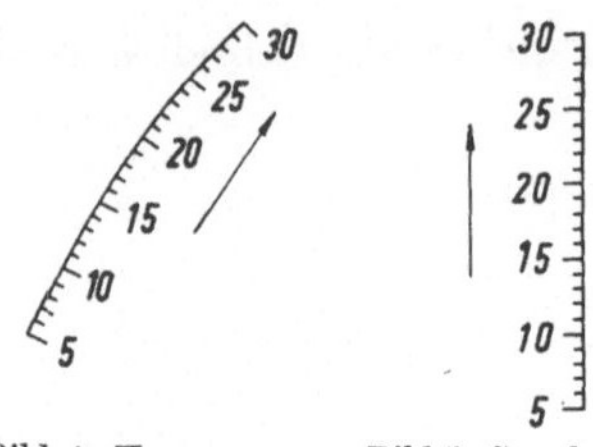

Bild 4. Krummlinige Leiter   Bild 5. Geradlinige Leiter

4. Praktische Darstellung der Leitern

Die Länge und die Lage einer Leiter richten sich nach dem zur Verfügung stehenden Platz auf dem Zeichenblatt. Meist wird die Leiter auf dem Zeichenblatt senkrecht, in der Regel die positive Richtung von unten nach oben dargestellt. Die positive Richtung kann durch einen Pfeil angegeben werden. Die Wahl des Maßstabs richtet sich nach dem darzustellenden Zahlenbereich und der Größe der Darstellung selbst. Durch Teilstriche werden die Punkte für die einzelnen Zahlenwerte auf dem Teilungsträger markiert. Die Zuordnung der einzelnen Punkte zu ihren Zahlenwerten erfolgt durch Zahlen. Die Anzahl der Teilstriche sowie die Art und Weise der Bezifferung und der Beschriftung der Leiter bestimmen weitgehend die Übersicht der Darstellung.

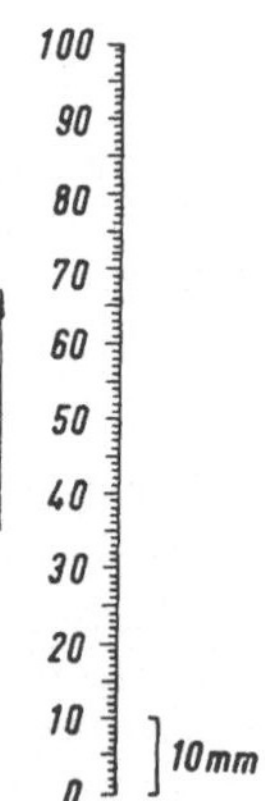

Beispiel: Die natürliche Zahlenfolge von 0 ... 100 soll in einer Leiter dargestellt werden. Die Zeicheneinheit sei 1 mm, der Maßstab also $m = 1$ mm/Einheit.

Lösung: Es ergibt sich eine Leiterlänge von 100 Einheiten mal 1 mm/Einheit = 100 mm. Die Leiter beginnt mit der Zahl 0 und endet mit der Zahl 100. Die Richtung von den kleineren zu den größeren Zahlenwerten ist die positive Richtung der Leiter. Sie ist durch einen Pfeil angegeben (Bild 6).

Die Bezifferung der Leiter soll möglichst übersichtlich sein. Zweckmäßig beziffert man hier jedes 10. Skalenteil. Zusätzlich kann man jeden 5. Teilstrich etwas länger zeichnen als die anderen. Oft ist es zweckmäßig, die Teilstriche nur auf einer Seite des Skalenträgers zu zeichnen (Bild 4 und 5).

Bild 6. Natürliche Zahlenfolge von 0 ... 100

Beispiel: Die Zahlenfolge von − 20 ... + 30 ist in einer Leiter darzustellen. Die Leiter soll 100 mm lang werden.

Lösung: Die Leiter beginnt mit der Zahl − 20 und endet mit der Zahl + 30. Sie umfaßt also 50 Einheiten auf 100 mm Länge. Dies ergibt einen Maßstab $m =$ 100 mm/50 Einheiten = 2 mm/Einheit. Der Nullpunkt ist nicht der Anfangspunkt der Leiter. Die positive Richtung geht von − 20 nach + 30. Das Pluszeichen kann bei den positiven Zahlen weggelassen werden. Es ist zweckmäßig, diese Leiter von 5 zu 5 Skalenteilen zu beziffern (Bild 7).

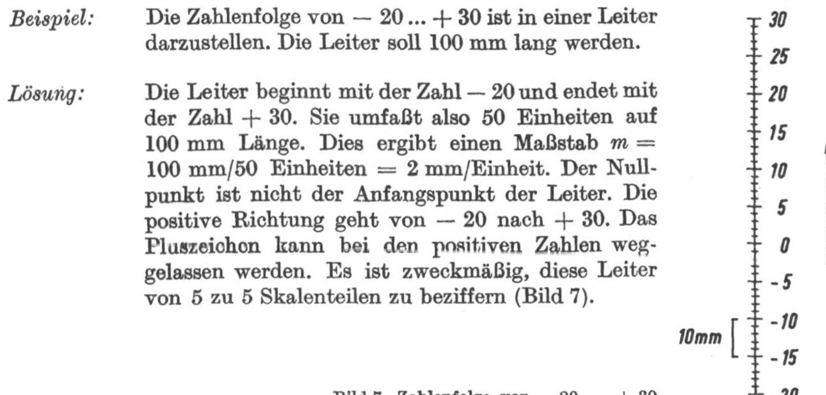

Bild 7. Zahlenfolge von − 20 ... + 30

B. Graphische Darstellung von Funktionen mit zwei Veränderlichen

1. Begriffe bei der mathematischen Untersuchung von Funktionen mit zwei Veränderlichen

Eine in einer mathematischen Untersuchung auftretende Größe, die während der betreffenden Untersuchung einen festen Zahlenwert bedeuten soll, heißt eine *Konstante.* Eine Größe, die bei einer mathematischen Untersuchung eine willkürlich wählbare Zahl bedeuten soll, nennt man eine *Veränderliche* oder *Variable.*

Ist durch eine Rechenvorschrift (eine mathematische Formel) jedem Wert einer Veränderlichen x ein bestimmter Wert y zugeordnet, so nennt man y eine Funktion von x und schreibt $y = f(x)$. (Gesprochen: y gleich f von x.) Die Veränderliche x heißt die *unabhängige Veränderliche* und die Veränderliche y die *abhängige Veränderliche.*

Sind z. B. in der Gleichung $y = ax + b$ die Größen a und b Konstanten, so ist y eine Funktion von x; y ist abhängig von x. x ist die unabhängige und y die abhängige Veränderliche.

Für die Kreisfläche gilt die Formel $A = \dfrac{d^2 \pi}{4}$, d bedeutet den Kreisdurchmesser, π den Zahlenwert 3,14...π und 4 sind Konstanten. Die Kreisfläche ändert sich also mit dem Kreisdurchmesser: A ist eine Funktion von d, $A = f(d)$. Die unabhängige Veränderliche ist d, A ist die abhängige Veränderliche.

2. Rechtwinkliges Koordinatensystem

Die graphische Darstellung von Funktionen erfolgt meistens im *rechtwinkligen Koordinatensystem*. Man erhält hierbei eine außerordentlich anschauliche Darstellung einer Funktion mit zwei Veränderlichen in Form einer *Kurve*.

Das rechtwinklige Koordinatensystem (Bild 8), das Koordinatenkreuz, wird durch zwei sich rechtwinklig (in der Regel waagerecht und senkrecht liegende) schneidende Geraden (Achsen) gebildet. Der Schnittpunkt 0 der Achsen heißt Nullpunkt, Anfangspunkt oder Ursprung des Systems. Das Koordinatenkreuz (Achsenkreuz) teilt die Zeichenebene in vier Teile: in den I., II., III. und IV. Quadranten. Die waagerechte Gerade ist die *Abszissenachse* mit der positiven Richtung nach rechts, die senkrechte Gerade die *Ordinatenachse* mit der positiven Richtung nach oben. Die unabhängige Veränderliche, z. B. x, wird auf der Abszissenachse (x-Achse), die abhängige Veränderliche, z. B. y, auf der Ordinatenachse (y-Achse) aufgetragen. Die Entfernungen, z. B. x_1 und y_1, eines Punktes P von den Achsen heißen die *Koordinaten des Punktes P*; man schreibt $P(x_1; y_1)$ und nennt x_1 die Abszisse und y_1 die Ordinate des Punktes P. Für die meisten technischen Zusammenhänge genügt die Darstellung im I. Quadranten.

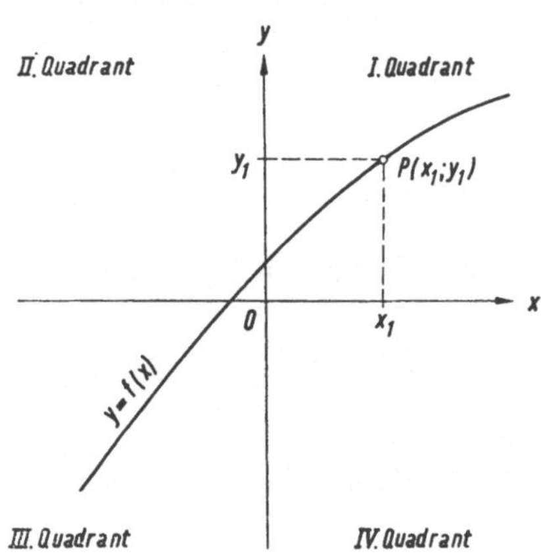

Bild 8. Rechtwinkliges Koordinatensystem

Beispiel: Die Kreisfläche A soll als Funktion des Kreisdurchmessers d im rechtwinkligen Koordinatensystem dargestellt werden. Es gilt die Formel $A = \dfrac{d^2 \pi}{4}$. Der Kreisdurchmesser sei veränderlich von 0 ... 10 cm.

Lösung: Den Kreisdurchmesser d trägt man auf der Abszissenachse, den Flächeninhalt A des Kreises auf der Ordinatenachse auf. Errechnet man die Kreisfläche für verschiedene Durchmesser, so erhält man verschiedene Punkte für die Darstellung der Funktion $A = \dfrac{d^2 \pi}{4}$ im rechtwinkligen Koordinatensystem. Verbindet man die einzelnen Punkte miteinander durch einen Linienzug, so erhält man eine

Kurve, die die genannte Funktion darstellt (Bild 9). Die Kurve stellt gleichzeitig die Lösungen der Gleichung $A = \dfrac{d^2\,\pi}{4}$ für alle Werte für d dar, sofern sie im Bereich von 0 … 10 cm liegen.

Die Berechnung der einzelnen Punkte der Kurve erfolgt am besten in Tabellenform. Man gibt zunächst für d verschiedene Werte vor und rechnet dann die entsprechenden Werte für A nach der Rechenvorschrift $A = \dfrac{d^2\,\pi}{4}$ aus.

In der folgenden Tabelle sind die Werte für A für $d = 0 … 10$ cm zusammengestellt:

d in cm	A in cm²
0	0
1	0,78
2	3,14
3	7,07
4	12,57
5	19,63
6	28,27
7	38,48
8	50,26
9	63,62
10	78,54

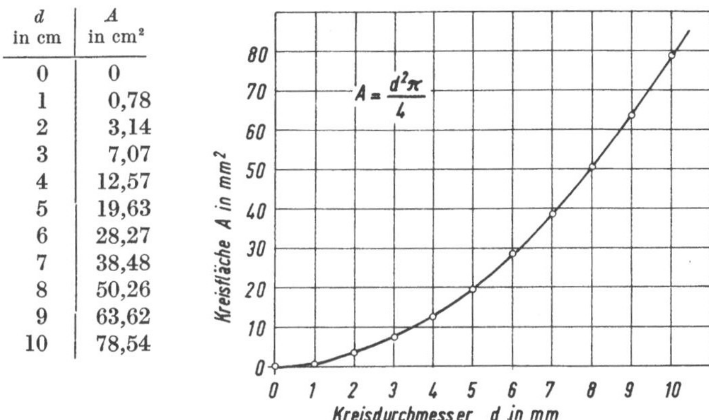

Bild 9. Die Kreisfläche als Funktion des Durchmessers

Aus der Größe der Darstellung und aus den darzustellenden Zahlenbereichen wählt man die Maßstäbe für die Achsen. So erhält man beispielsweise für die d-Achse (Abszissenachse) für $d = 0 … 10$ cm bei 100 mm Achsenlänge den Maßstab $m_d = 100\,\text{mm}/10\,\text{cm} = 10\,\text{mm/cm}$ und für die A-Achse (Ordinatenachse) für $A = 0 … 78,54$ cm² bei 78,54 mm Achsenlänge den Maßstab $m_A = 78,54\,\text{mm}/78,54\,\text{cm}^2 = 1\,\text{mm/cm}^2$.

Mit den Werten aus der Tabelle und den Maßstäben kann die Funktion gezeichnet werden (Bild 9).

3. Doppelleiter

Geht man von der graphischen Darstellung einer Funktion mit zwei Veränderlichen im rechtwinkligen Koordinatensystem aus, so läßt sich die Doppelleiter leicht herleiten (Bild 10 … 12). Den Betrachtungen sei die Darstellung des letzten Beispiels zugrunde gelegt.

Bild 10: Durch Projektion der Zahlenwerte der Ordinatenachse (A) über die dargestellte Kurve auf die Abszissenachse (d) entsteht auf der Abszissenachse eine sogenannte *Doppelleiter:* beide Seiten der Abszissenachse tragen eine Einteilung.

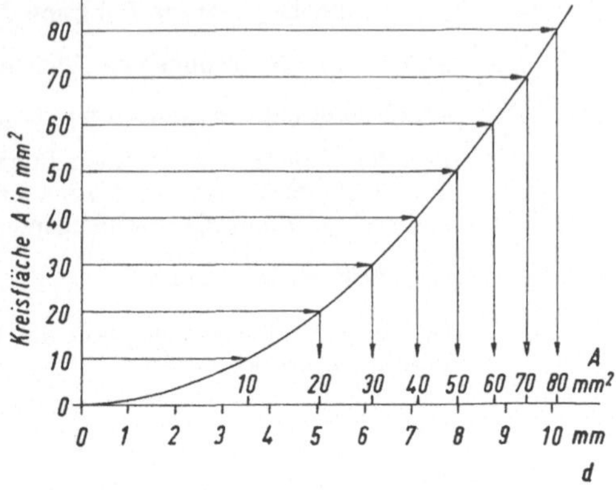

Bild 10. Herleitung der Doppelleiter $A = f(d)$

Bild 11: Durch Projektion der Zahlenwerte der Abszissenachse (d) über die dargestellte Kurve auf die Ordinatenachse (A) entsteht auf der Ordinatenachse eine Doppelleiter.

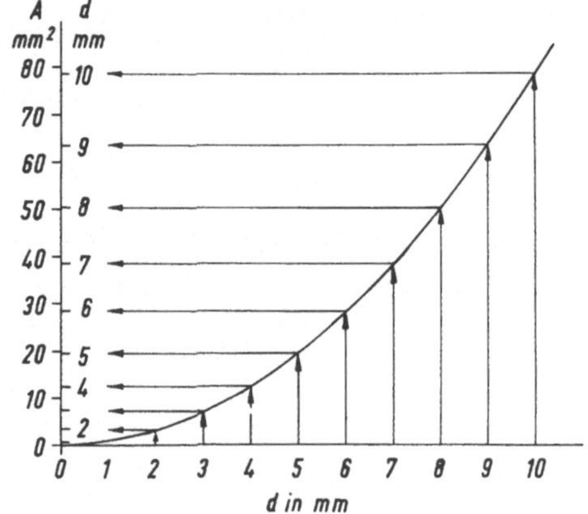

Bild 11. Herleitung der Doppelleiter $d = f(A)$

Bild 12: Durch Projektion der Zahlenwerte der Ordinatenachse (A) und der Zahlenwerte der Abszissenachse (d) auf die dargestellte Kurve entsteht ebenfalls eine Doppelleiter.

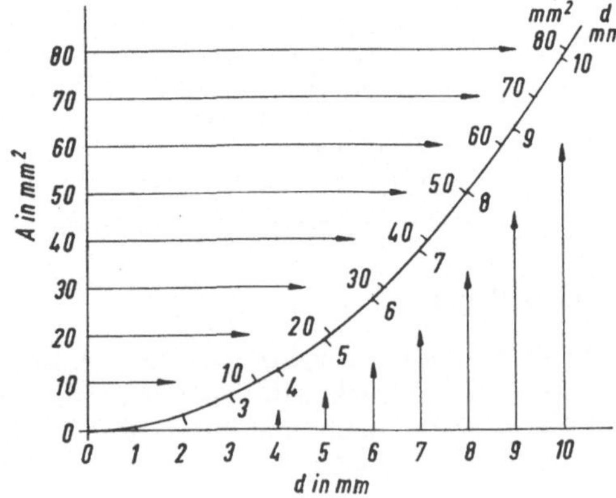

Bild 12. Herleitung der Doppelleiter mit zwei nichtlinearen Teilungen

Die Doppelleitern in Bild 10 und 11 sind geradlinige Leitern, die Doppelleiter in Bild 12 ist eine krummlinige Leiter. Läßt man das Koordinatensystem unberücksichtigt und betrachtet nur die Doppelleitern für sich, so sieht man, daß die Doppelleitern nichts anderes sind als eine Darstellung der Funktion $A = \dfrac{d^2 \pi}{4}$ in einer anderen Form. Der Charakter der Funktion spiegelt sich in der Teilung der Leitern wieder. Je nach den Abständen der Teilstriche auf den Leitern voneinander spricht man von regelmäßigen (linearen) oder unregelmäßigen (nichtlinearen) Teilungen. Besondere Teilungen sind die logarithmischen, die quadratischen, die reziproken u. a. Teilungen.

Allgemein kann man sagen: Eine Funktion mit zwei Veränderlichen, z. B. $y = f(x)$, kann in einer Doppelleiter graphisch dargestellt werden. Solch eine Leiter heißt auch *Funktionsleiter*. Eine Doppelleiter stellt gleichzeitig die Lösungen der Gleichung $y = f(x)$ für die erfaßten Zahlenbereiche dar.

Sieht man von der Darstellung der krummlinigen Leiter ab, so besteht grundsätzlich die Möglichkeit, eine gegebene Funktion in zwei Arten darzustellen. In der Doppelleiter, Bild 10, ist die A-Skala unregelmäßig geteilt und in der Doppelleiter, Bild 11, die d-Skala. In Bild 10 entsteht die A-Skala durch Lösen der Gleichung $A = \dfrac{d^2 \pi}{4}$, wobei d in gleichen Abständen vorgegeben wird. Dagegen entsteht die d-Skala in Bild 11 durch Lösen der Gleichung $d = \sqrt{\dfrac{4A}{\pi}}$, wobei A in gleichen Abständen vorgegeben wird, also durch Lösen der Umkehrfunktion. Beide Darstellungen sind gleichwertig. Man wird zu derjenigen Lösung greifen, die am einfachsten erscheint bzw. die am übersichtlichsten ist.

4. Praktische Darstellung von Funktionsleitern

Für die Darstellung einer Funktionsleiter gelten dieselben Gesichtspunkte wie für die Darstellung einer Leiter. Die Anzahl der Teilstriche sowie die Art und Weise der Bezifferung und der Beschriftung bestimmen auch hierbei die Übersicht der Darstellung.

Zwischen jeder graphischen Darstellung und der Genauigkeit des Ableseergebnisses besteht ein natürlicher Zusammenhang: Je genauer die Zeichnung, desto genauer das Ergebnis. Die Genauigkeit der Zeichnung wiederum hängt weitgehend von der Größe ihrer Darstellung ab, die von Fall zu Fall zu entscheiden ist.

Beispiel: Die Zuordnung der elektrischen Leistung in Kilowatt zur mechanischen Leistung in PS ist in einer Doppelleiter darzustellen. Es gilt die Beziehung: 1 kW = 1,36 PS. Es soll der Bereich von 0 ... 1 kW erfaßt werden.

Lösung: Es ist zweckmäßig, zuerst eine unmaßstäbliche Skizze der Leiter zu zeichnen (Bild 13). Daraus sind die Anfangs- und Endpunkte der Skalen leicht herzuleiten, es entsprechen nämlich 0 kW = 0 PS und 1 kW = 1,36 PS. Die Länge der Leiter kann frei gewählt werden, sie ist in erster Linie von der gewünschten Ablesegenauigkeit abhängig. Die Länge der Leiter sei 150 mm. Die Strecke für 1 kW beträgt also 150 mm, die Strecke für 1,36 PS ebenfalls 150 mm; somit ist die Strecke für 1 PS = 150 mm/1,36 PS = 110,3 mm. Nun ist zu entscheiden, wie fein die Skalen unterteilt werden sollen. Die Unterteilung soll von 0,1 zu 0,1 kW bzw. von 0,1 zu 0,1 PS erfolgen. Somit betragen die Entfernungen der Teilstriche bzw. der Maßstab für die kW-Leiter $m_{kW} = 150$ mm/10 Teile = 15 mm/0,1 kW und für die PS-Leiter $m_{PS} = 110,3$ mm/10 Teile = 11,03 mm/0,1 PS.

Auf diese Weise entsteht durch wiederholtes Abtragen der Maßstäbe die Doppelleiter Bild 14.

Es ist jedoch zweckmäßig, die Entfernungen der Teilstriche vom Anfangspunkt der Leiter aus zu berechnen. Dies geschieht am besten in Tabellenform. Man rechnet für die kW-Skala:

$$1 \text{ kW} \triangleq 150 \text{ mm}$$
$$0,1 \text{ kW} \triangleq 150 \cdot 0,1 = 15 \text{ mm}$$
$$0,2 \text{ kW} \triangleq 150 \cdot 0,2 = 30 \text{ mm usw.}$$

und für die PS-Skala:

$$1,36 \text{ PS} \triangleq 150 \text{ mm}$$
$$0,1 \text{ PS} \triangleq \frac{150}{1,36} \cdot 0,1 = 11,03 \text{ mm}$$
$$0,2 \text{ PS} \triangleq \frac{150}{1,36} \cdot 0,2 = 22,06 \text{ mm usw.}$$

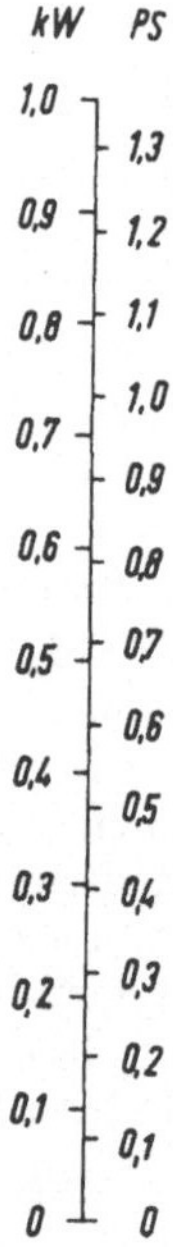

Man erhält so die folgenden Tabellen:

kW	mm	PS	mm
0	0	0	0
0,1	15	0,1	11,0
0,2	30	0,2	22,1
0,3	45	0,3	33,1
0,4	60	0,4	44,1
0,5	75	0,5	55,2
0,6	90	0,6	66,2
0,7	105	0,7	77,2
0,8	120	0,8	88,2
0,9	135	0,9	99,3
1,0	150	1,0	110,3
		1,1	121,3
		1,2	132,4
		1,3	143,4
		1,36	150,0

Bild 13
Entwurf der Doppelleiter

Bild 14
Grobgeteilte Doppelleiter

Damit können durch einmaliges Anlegen eines Lineals mit Millimeterteilung an den Teilungsträger die Teilstriche für die entsprechenden Leitern markiert werden (Bild 15).

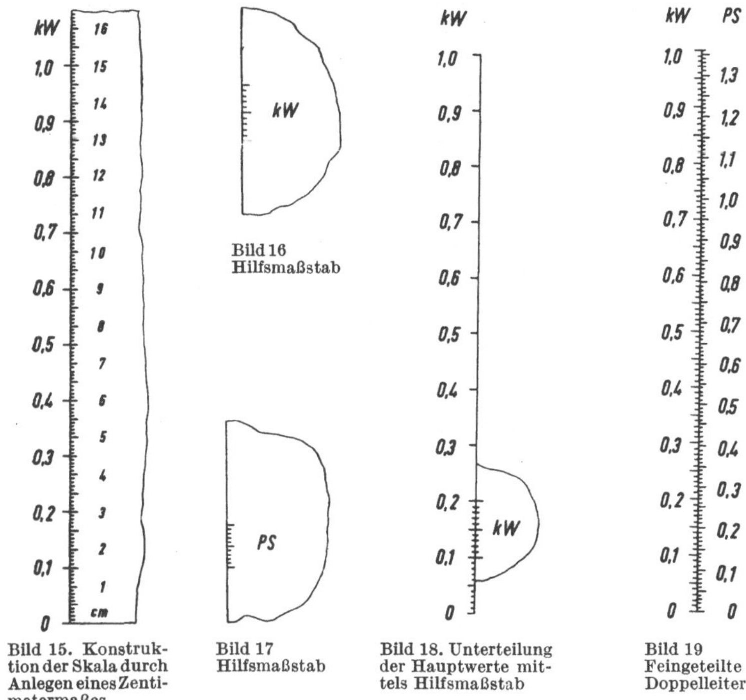

Bild 16
Hilfsmaßstab

Bild 15. Konstruktion der Skala durch Anlegen eines Zentimetermaßes

Bild 17
Hilfsmaßstab

Bild 18. Unterteilung der Hauptwerte mittels Hilfsmaßstab

Bild 19
Feingeteilte Doppelleiter

Man sieht sofort, daß diese Skaleneinteilung zu grob ist. Ohne Schwierigkeiten können die Skalenteile in weitere 10 Teile unterteilt werden. Die Entfernungen dieser Feinteilstriche betragen dann bei der kW-Leiter 15 mm/10 Teile $\approx$ 1,5 mm und bei der PS-Leiter 11,03 mm/10 Teile = 1,1 mm. Um die Unterteilung der Skalen möglichst rasch durchzuführen, stellt man sich zwei Hilfsmaßstäbe her, einen für die kW-Skala und einen für die PS-Skala. Auf einem Stück Papier zeichnet man sich für jede Skala einen Skalenausschnitt auf, am besten von 0,1 zu 0,1 kW bzw. PS und unterteilt diesen in 10 gleiche Teile (Bild 16 und 17). Man trägt diese Hilfsmaßstäbe wiederholt auf der entsprechenden Skala ab (Bild 18). Auf diese Weise erhält man die Doppelleiter (Bild 19).
Zum Schluß kann man die Richtigkeit der Doppelleiter mit Hilfe eines Beispiels kontrollieren. Man erhält z. B. 0,7 PS = 0,7/1,36 = = 0,515 kW.

2*

C. Graphische Darstellung von Funktionen mit drei Veränderlichen

1. Fläche im Raum

Eigentlich verlangen die Funktionen mit drei Veränderlichen eine Darstellung im Raum. Verwendet man drei aufeinander senkrecht stehende Achsen mit Teilungen für die drei Veränderlichen, so erhält man im Raum eine Fläche, die den höchsten Ansprüchen an Anschaulichkeit genügt. Eine solche Fläche im Raum ist jedoch nur mit einem verhältnismäßig großen Aufwand herzustellen. Man bevorzugt deshalb in den meisten Fällen eine ebene Darstellung im rechtwinkligen Koordinatensystem.

2. Graphische Darstellung von Funktionen mit drei Veränderlichen im rechtwinkligen Koordinatensystem

Stellt man eine Funktion mit drei Veränderlichen im rechtwinkligen Koordinatensystem dar, so erhält man eine *Kurvenschar*, die sich durch Variation der dritten Veränderlichen ergibt. Diese dritte Veränderliche nennt man den *Parameter* (Hilfsmesser) der Darstellung.

Beispiel: Nach dem Ohmschen Gesetz besteht zwischen dem elektrischen Strom I, der elektrischen Spannung U und dem elektrischen Widerstand R der Zusammenhang: $I = U/R$. Der Widerstand soll von $10 \ldots 20\ \Omega$ verändert werden. Für die Spannungen 30, 40 und 50 V sind die Ströme zu ermitteln und graphisch darzustellen.

Lösung: Die Spannung nimmt in unserem Fall die Stellung des Parameters ein. Man rechnet für jede der angegebenen Spannungen die Ströme bei verschiedenen Widerständen aus, z. B. bei $R = 10, 12, 14, 16, 18$ und $20\ \Omega$. Man erhält so die folgenden Tabellen:

$U = 30$ V		$U = 40$ V		$U = 50$ V	
R in Ω	I in A	R in Ω	I in A	R in Ω	I in A
10	3,0	10	4,0	10	5,0
12	2,5	12	3,34	12	4,17
14	2,14	14	2,86	14	3,57
16	1,88	16	2,5	16	3,13
18	1,67	18	2,22	18	2,78
20	1,5	20	2,0	20	2,5

Mit den Maßstäben 1 A $\triangleq$ 25 mm ($m_I = 25$ mm/A) auf der Ordinatenachse und 1 Ω $\triangleq$ 5 mm ($m_R = 5$ mm/Ω) auf der Abszissenachse und mit der Spannung als Parameter erhält man die in Bild 20 dargestellte Kurvenschar, die aus den drei Kurven für die drei Spannungen besteht.

Es ist bei derartigen Darstellungen eine Frage der Zweckmäßigkeit, welche der drei Veränderlichen als Parameter gewählt wird.

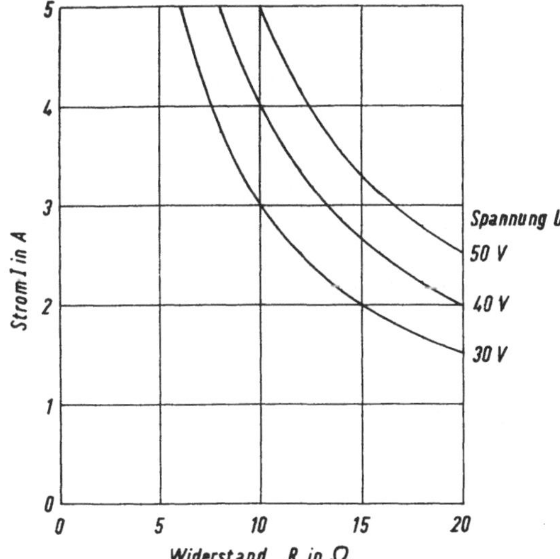

Bild 20. Der Strom als Funktion des Widerstandes und der Spannung

3. Darstellung von Funktionen mit drei Veränderlichen im Linienkoordinatensystem

Durch die Darstellung einer Funktion mit drei Veränderlichen in Linienkoordinaten im Sinne der Nomographie erhält man ebenfalls eine ebene Darstellung. Jeder Veränderlichen kommt dabei eine sogenannte Leiter (Skala) zu, so daß eine Leitertafel für drei Veränderliche grundsätzlich aus drei Leitern besteht.

Zur Darstellung der Leitern in der Zeichenebene werden mit Hilfe einer Geraden, der Fluchtlinie, auf den drei Leitern drei Punkte für die drei Veränderlichen einander so zugeordnet, daß sie das Gleichungssystem befriedigen (Bilder 1 und 21). In der Praxis erfolgt diese Zuordnung mit Hilfe eines Lineals.

Die außerordentlich anschauliche Darstellung von drei Veränderlichen mittels Parameter im rechtwinkligen Koordinatensystem ist durch die nomographische Darstellung verlorengegangen. Dafür ist die Zuordnung der Werte für die drei Veränderlichen wesentlich einfacher geworden. Das wirkt sich besonders auf die Geschwindigkeit des Rechenvorgangs aus, und deshalb wendet man Leitertafeln als Rechentafeln an.

Bild 21 zeigt die allgemeine Form der graphischen Darstellung eines Gleichungssystems mit den drei Veränderlichen x, y und z im Sinne der Nomographie. Die drei Veränderlichen x, y und z sind unter Berücksichtigung ihres funktionellen Zusammenhangs auf drei Linien 1, 2 und 3 aufgetragen. Die Linien werden auf der Zeichenebene so angeordnet, daß

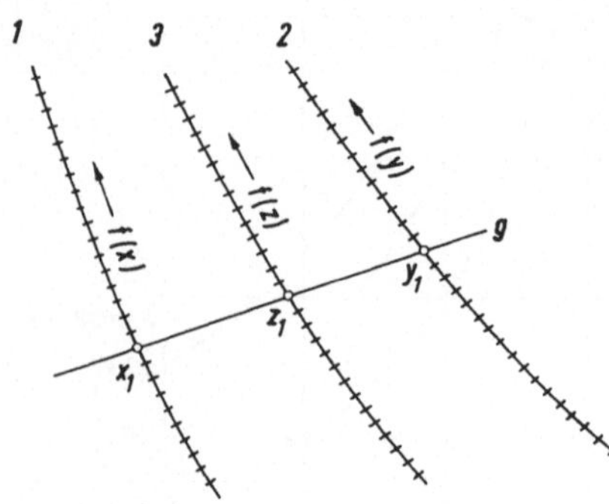

Bild 21
Allgemeine Form einer Fluchtlinientafel

auf einer beliebigen Geraden g, der Fluchtlinie, drei Punkte x_1, y_1 und z_1 der drei Veränderlichen x, y und z einander so zugeordnet werden, daß sie das Gleichungssystem der drei Veränderlichen befriedigen.

Je nach der geometrischen Anordnung der Leitern auf der Zeichenebene spricht man von verschiedenen *Nomogrammtypen.*

III. Konstruktion von Nomogrammen mit geraden Leitern

A. Technik der Nomogrammherstellung

1. Entwurf eines Nomogramms

Der geometrische Zusammenhang einer Leitertafel wird durch die sogenannte *Schlüsselgleichung* angegeben. Eine allgemeine Form der Schlüsselgleichung ist die *Funktionsgleichung.*

In einer Voruntersuchung ist die vorgegebene Gleichung, die vertafelt werden soll, zuerst in eine geeignete Form zu bringen, sofern nicht schon die ursprüngliche Beziehung den Anforderungen einer Schlüsselgleichung genügt. Dabei können Umformung der Gleichung, z. B. durch Logarithmieren, Auflösen von Winkelfunktionen, Zusammenfassung von Veränderlichen usw., erforderlich werden. Beim Entwurf ist dann auf die zu erwartenden Berechnungen Rücksicht zu nehmen, indem für alle Veränderlichen ausreichende Bereiche vorgesehen werden. Wichtig dabei ist die Wahl der Achsenmaßstäbe sowie die der Nullpunkte. Die Abstimmung dieser Größen auf die jeweiligen Bedürfnisse erfolgt am besten durch einen skizzenmäßigen Versuch. Wenn diese Vorbetrachtungen zu einem befriedigenden Ergebnis geführt haben, können die Teilungsträger selbst entworfen werden. Eine ausreichende Beschriftung des Nomogramms ist nötig. Die behandelten Größen und ihre Maßeinheiten sind auf dem Nomogramm anzugeben. Der zur Ablesung erforderliche Weg im Nomogramm muß, am besten mittels eines Beispiels, einwandfrei erkennbar sein. Auch die der Rechnung zugrunde gelegte Formel soll angegeben sein.

Die Anfertigung brauchbarer Nomogramme setzt praktische Übung voraus und ist in vielen Fällen auch eine mühsame Arbeit. Der Aufwand lohnt sich aber, wenn schwierige Beziehungen, die viel anzuwenden sind, behandelt werden.

2. Ablesetechnik

Sind zwei Werte einer Gleichung mit drei Veränderlichen gegeben, so erhält man den dritten Wert, indem man eine Fluchtlinie durch die beiden bekannten Werte legt. Der Schnittpunkt der Fluchtlinie mit der entsprechenden Leiter ergibt dann den gesuchten dritten Wert. Diese Fluchtlinie braucht nun nicht als Strich in das Nomogramm eingezeichnet zu werden. Nach kurzer Zeit wäre das Nomogramm durch die vielen Striche unbrauchbar. Eine rasche Ablesung erhält man auf die in Bild 22 angegebene Weise:

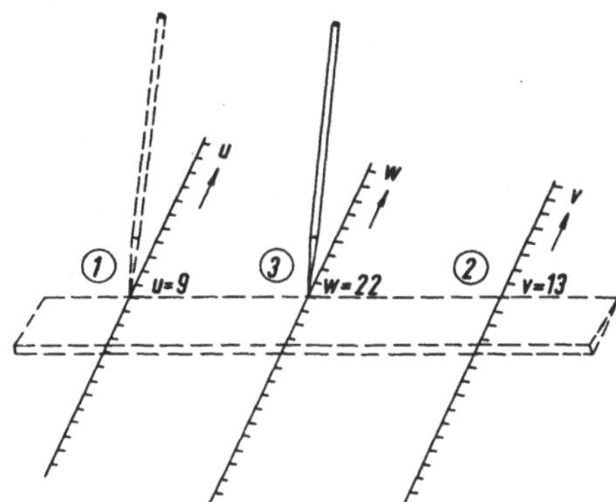

Bild 22. Ablesetechnik

1. Aufsuchen des ersten bekannten Wertes (z. B. $u = 9$). Bleistiftspitze auf diesen Skalenpunkt stellen und mit der Linealkante an die Bleistiftspitze anschlagen.

2. Lineal um die Bleistiftspitze drehen, bis sich die Linealkante mit dem zweiten bekannten Wert (z. B. $v = 13$) deckt. Lineal in dieser Lage festhalten.

3. Bleistift vom ersten Wert wegnehmen und auf die Leiter des gesuchten dritten Wertes an die Linealkante stellen. Lineal wegnehmen. Die Bleistiftspitze steht dann auf dem gesuchten dritten Wert (z. B. $w = 22$).

B. Nomogramme mit parallelen Leitern

1. Darstellung einer Summe

a) Nomogramm mit drei parallelen Leitern in gleichem Abstand

Die geometrischen Beziehungen für ein Nomogramm mit drei parallelen Leitern in gleichem Abstand sollen aus Bild 23 hergeleitet werden.

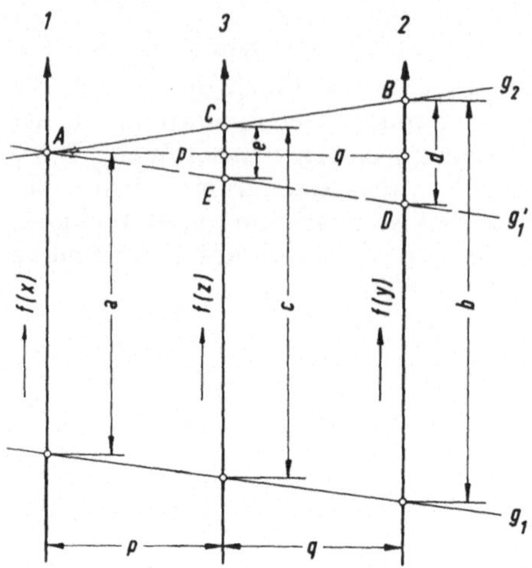

Bild 23. Nomogramm mit drei parallelen Leitern in gleichem Abstand

Das System besteht aus den drei parallelen Geraden (Achsen) 1, 2 und 3, auf denen die Funktionen der drei Veränderlichen x, y und z aufgetragen sind. Aus Zweckmäßigkeitsgründen wurde die dritte Achse in die Mitte gelegt. Die Abstände der äußeren Achsen von der mittleren Achse sind gleich, es ist also $p = q$.

Zieht man zwei beliebige Geraden g_1 und g_2, so erhält man die Achsenabschnitte a, b und c. Die Gerade g_1 entspricht der Verbindungslinie der Anfangspunkte der drei Leitern, die Gerade g_2 einer beliebigen Ablesegeraden (Fluchtlinie). Eine parallele Gerade g_1' zu g_1 liefert die Abschnitte d und e bzw. die beiden ähnlichen Dreiecke ABD und ACE. Die Strecken p und $p + q$ sind identisch mit den Höhen der beiden Dreiecke.

Damit bestehen folgende geometrische Zusammenhänge:

$$d = b - a$$

$$e = c - a$$

$$\frac{d}{e} = \frac{p + q}{p} = \frac{2}{1}$$

$$\frac{b - a}{c - a} = \frac{2}{1}$$

$$b - a = 2\,(c - a)$$

$$b - a = 2\,c - 2\,a$$

$$a + b = 2\,c \tag{1}$$

Gleichung (1) wird als Schlüsselgleichung dieses Nomogrammtyps angesehen. In ihr entspricht das erste Glied a einer Funktion der Veränderlichen x und das zweite Glied b einer Funktion der Veränderlichen y und die rechte Seite der Gleichung, $2\,c$, einer Funktion der Veränderlichen z. Man kann demnach die Gleichung (1) in folgender Form schreiben:

$$f\,(x) + f\,(y) = f\,(z) \tag{2}$$

Man bezeichnet diese Gleichung als Funktionsgleichung dieses Nomogrammtyps. Multipliziert man die Funktionsgleichung mit einem frei gewählten Maßstab m, so erhält man:

$$m f(x) + m f(y) = m f(z) \tag{3}$$

Setzt man entsprechende Glieder der Gleichungen (1) und (3) einander gleich, so erhält man die Beziehungen:

$$a = m f(x) \tag{4}$$

$$b = m f(y) \tag{5}$$

$$2\,c = m f(z) \text{ bzw. } c = \frac{m}{2} f(z) \tag{6}$$

Die Strecken a, b und c stellen die Abstände der Funktionswerte der Veränderlichen x, y und z von den Leiteranfangspunkten unter Berücksichtigung der Achsenmaßstäbe dar und heißen die *Koordinaten* der betreffenden Punkte.

Bezeichnet man die Achsenmaßstäbe entsprechend den betreffenden Funktionen $f(x)$, $f(y)$ und $f(z)$ mit m_x, m_y und m_z, so erhält man:

$$m_x = m_y = m \tag{7}$$

$$m_z = \frac{m}{2} \tag{8}$$

Somit ist
$$m_z = \frac{m_x}{2} = \frac{m_y}{2} \tag{9}$$

Das heißt, der Maßstab der z-Achse, der Mittelachse, ist halb so groß wie die Maßstäbe der beiden äußeren Achsen x und y.

Zusammenfassung:

Nomogrammtyp:	Drei parallele Leitern in gleichem Abstand
Funktionsgleichung:	$f(x) + f(y) = f(z)$
Schlüsselgleichung:	$a + b = 2\,c$
Maßstäbe:	$m_x = m_y = 2\,m_z$
	$m_z = \dfrac{m_x}{2} = \dfrac{m_y}{2}$
Koordinaten:	$a = m_x f(x)$
	$b = m_y f(y)$
	$c = m_z f(z)$

Aus der Funktionsgleichung sieht man, daß die Funktion z des inneren Skalenträgers die Summe der Funktionen x und y der beiden äußeren Skalenträger darstellt. Nomogramme mit der Funktionsgleichung $f(x) + f(y) = f(z)$ werden deshalb auch als *Summentafeln* bezeichnet, weil sie eine algebraische Summe darstellen.

Beispiel: Für die Gleichung $u + v = w$[1]) soll ein Nomogramm entworfen werden.
Den Veränderlichen u und v seien jeweils die Zahlenbereiche von 0 ... 20 zugeordnet.

Lösung: Auf Grund der Gleichung $u + v = w$ liegt der Zahlenbereich für die Veränderliche w fest. Durch Einsetzen der sogenannten *Extremwerte*, d. h. der *Anfangs-* und *Endwerte* für u und v erhält man die Extremwerte für w. Man ermittelt so den unteren Extremwert, den *Kleinstwert*, für w durch Einsetzen von $u = 0$ und $v = 0$ in die Gleichung $u + v = w$ zu $w_{min} = 0$ und den oberen Extremwert, den *Größtwert*, durch Einsetzen von $u = 20$ und $v = 20$ zu $w_{max} = 40$. Das bedeutet, daß auf den beiden äußeren Skalenträgern je 20 Einheiten und auf dem mittleren Skalenträger 40 Einheiten abzutragen sind. Ein Entwurf (Bild 24) läßt dies leicht erkennen. Wählt man als Achsenabstände p und q je 40 mm und als Höhe des Nomogramms, d.h. als Länge der Skalenträger, 100 mm, so erhält man die Maßstäbe:

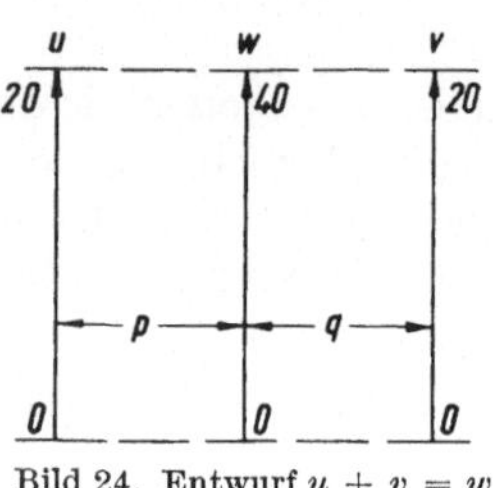

Bild 24. Entwurf $u + v = w$

$$m_u = m_v = 100\ \text{mm}/20\ \text{Einheiten} = 5\ \text{mm/Einheit und}$$

$$m_w = 100\ \text{mm}/40\ \text{Einheiten} = 2,5\ \text{mm/Einheit.}$$

Mit diesen Werten kann die Summentafel gezeichnet werden. Es ist dies das Nomogramm Bild 1.

Man sieht, daß zur Herstellung eines Nomogramms die darzustellende Gleichung nur für die Anfangs- und Endwerte der zu erfassenden Zahlenbereiche gelöst werden muß. Das Nomogramm selbst stellt jedoch alle Lösungen der Gleichung $u + v = w$ dar für die Zahlenbereiche $u = 0 \ldots 20$, $v = 0 \ldots 20$ und $w = 0 \ldots 40$.

Ebenfalls sind die Gleichungen $v = w - u$ und $u = w - v$ in der Darstellung inbegriffen.

Es ist nun nicht immer der Fall, daß die Anfangspunkte der Leitern mit Null beginnen. Man kann sich dann vorstellen, daß der untere Teil des Nomogramms einfach weggelassen ist. Bei verschieden großen Zahlenbereichen auf den beiden äußeren Achsen sind die Leitern auch nicht mehr gleich lang. Es ist jedoch darauf zu achten, daß nach den Gleichungen (7) ... (9) die Maßstäbe der beiden äußeren Leitern gleich groß sind und der Maßstab der mittleren Leiter halb so groß wie die Maßstäbe der beiden äußeren Leitern ist.

---

[1]) Die Gleichung $u + v = w$ stellt eine vereinfachte Form der Gleichung $f(u) + f(v) = f(w)$ analog der Gleichung $f(x) + f(y) = f(z)$ dar. Die Größen u, v und w sind also Veränderliche.

Beispiel: Für die Gleichung $u + v = w$ ist ein Nomogramm zu zeichnen. Die Veränderliche u soll den Zahlenbereich von 5 … 22, die Veränderliche v den Zahlenbereich von 3 … 24 umfassen.

Lösung: Nach der Gleichung $u + v = w$ liegt der Zahlenbereich der Veränderlichen w fest. Es ergeben sich die Extremwerte zu $w_{min} = = u_{min} + v_{min}$; $w_{min} = 5 + 3 = 8$ und $w_{max} = u_{max} + v_{max}$; $w_{max} = 22 + 24 = 46$, also ein Zahlenbereich für die Veränderliche w von 8 … 46 (siehe hierzu Bild 25). Dies bedeutet, daß die u-Leiter $22 - 5 = 17$ Einheiten, die v-Leiter $24 - 3 = 21$ Einheiten und die w-Leiter $46 - 8 = 38$ Einheiten umfaßt.

Wählt man die Maßstäbe $m_u = m_v = 8$ mm/Einheit und $m_w = \dfrac{m_u}{2} =$

$= 4$ mm/Einheit, so ergeben sich die Leiterlängen wie folgt:
u-Leiter $= 17$ Einheiten $\cdot$ 8 mm/Einheit $= 136$ mm,
v-Leiter $= 21$ Einheiten $\cdot$ 8 mm/Einheit $= 168$ mm und
w-Leiter $= 38$ Einheiten $\cdot$ 4 mm/Einheit $= 152$ mm.
Die Abstände der Leitern voneinander seien 40 mm. Somit kann das Nomogramm gezeichnet werden (Bild 26).

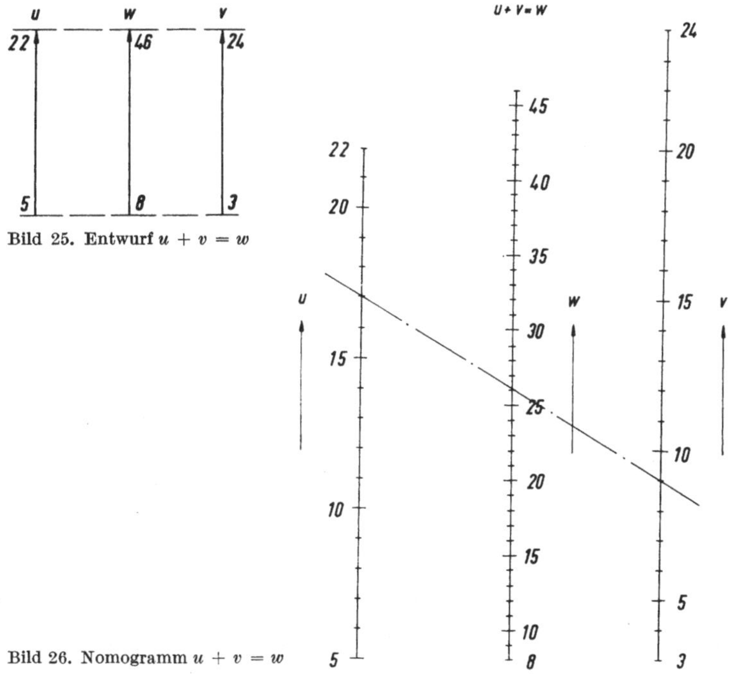

Bild 25. Entwurf $u + v = w$

Bild 26. Nomogramm $u + v = w$

b) Nomogramm mit drei parallelen Leitern mit verschiedenen Abständen

Aus Bild 27 sollen die geometrischen Beziehungen für ein Nomogramm mit drei parallelen Leitern mit verschiedenen Abständen hergeleitet werden.

Das System besteht — ähnlich wie Bild 23 — aus drei parallelen Achsen 1, 2 und 3. Die Abstände der Achsen sind jedoch verschieden, es ist $p \neq q$. g_1 und g_2 sind wieder zwei beliebige Geraden; $g_1{'}$ ist eine Parallele zu g_1. Die Dreiecke ABD und ACE sind ähnlich, p und $p + q$ sind identisch mit den Höhen der beiden Dreiecke. Damit bestehen folgende geometrische Beziehungen:

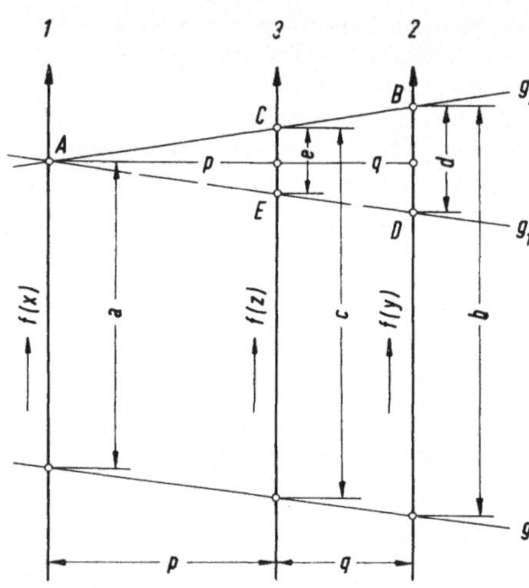

$$d = b - a$$

$$e = c - a$$

$$\frac{d}{e} = \frac{p+q}{p}$$

$$\frac{b-a}{c-a} = \frac{p+q}{p}$$

$$(b-a)\,p = (c-a)\,(p+q)$$

$$bp - ap = cp - ap + cq - aq$$

$$aq + bp = cp + cq$$

$$aq + bp = c\,(p+q) \tag{10}$$

Bild 27. Nomogramm mit drei parallelen Leitern mit verschiedenen Abständen

Die Gleichung wird als Schlüsselgleichung dieses Nomogrammtyps angesehen. Sie kann ebenfalls in der Form der Funktionsgleichung

$$f(x) + f(y) = f(z) \tag{11}$$

geschrieben werden. Durch Multiplikation mit einem Maßstab m erhält man die abgewandelte Form

$$mf(x) + mf(y) = mf(z) \tag{12}$$

Durch Gleichsetzen entsprechender Glieder der Gleichungen (10) und (12) erhält man die Beziehungen

$$aq = mf(x) \quad \text{bzw.} \quad a = \frac{m}{q}\,f(x) \tag{13}$$

$$bp = mf(y) \quad \text{bzw.} \quad b = \frac{m}{p}\,f(y) \tag{14}$$

$$c\,(p+q) = mf(z) \quad \text{bzw.} \quad c = \frac{m}{p+q}\,f(z) \tag{15}$$

Durch Einführen der Maßstäbe m_x, m_y und m_z für die entsprechenden Funktionen erhält man

$$m_x = \frac{m}{q} \tag{16}$$

$$m_y = \frac{m}{p} \tag{17}$$

$$m_z = \frac{m}{p+q} \tag{18}$$

d. h., die Maßstäbe der einzelnen Leitern sind abhängig von ihren Abständen zueinander.

Aus den Gleichungen (16), (17) und (18) erhält man

$$m_x = m_y \frac{p}{q} = m_z \frac{p+q}{q} \tag{19}$$

$$m_y = m_x \frac{q}{p} = m_z \frac{p+q}{p} \tag{20}$$

$$m_z = m_x \frac{q}{p+q} = m_y \frac{p}{q+p} \tag{21}$$

Zusammenfassung:

Nomogrammtyp: Drei parallele Leitern mit verschiedenen Abständen

Funktionsgleichung: $f(x) + f(y) = f(z)$

Schlüsselgleichung: $aq + bp = c\,(p+q)$

Maßstäbe:

$$m_x = m_y \frac{p}{q} = m_z \frac{p+q}{q}$$

$$m_y = m_x \frac{q}{p} = m_z \frac{p+q}{p}$$

$$m_z = m_x \frac{q}{p+q} = m_y \frac{p}{p+q}$$

Koordinaten:

$$a = m_x\, f(x)$$
$$b = m_y\, f(y)$$
$$c = m_z\, f(z)$$

Durch die Abhängigkeit der Maßstäbe von den Leiterabständen lassen sich nun durch die Wahl geeigneter Abstände und Maßstäbe auch bei verschieden großen Zahlenbereichen der einzelnen Leitern für alle drei Leitern gleiche Leiterlängen erzielen. Bei der Voraussetzung $a = b$ ist auch $c = a = b$.

Für $a = b$ gilt:

$$\frac{a}{b} = \frac{\dfrac{m}{q}\,f(x)}{\dfrac{m}{p}\,f(y)} = \frac{p}{q}\,\frac{f(x)}{f(y)} = 1 \qquad (22)$$

oder $\qquad \dfrac{p}{q} = \dfrac{f(y)}{f(x)} \qquad\qquad\qquad\qquad$ (23)

Es ist dann:

$$\frac{p}{p+q} = \frac{f(y)}{f(z)} \qquad\qquad (24)$$

und $\qquad \dfrac{q}{p+q} = \dfrac{f(x)}{f(z)} \qquad\qquad\qquad$ (25)

Beispiel: Das Nomogramm des letzten Beispiels (S. **19**) soll so entworfen werden, daß die Leitern gleich lang sind. Die darzustellende Gleichung lautete $u + v = w$ mit den Zahlenbereichen

$u = 5 \dots 22 = 17$ Einheiten,

$v = 3 \dots 24 = 21$ Einheiten und

$w = 8 \dots 46 = 38$ Einheiten (siehe Bild 28).

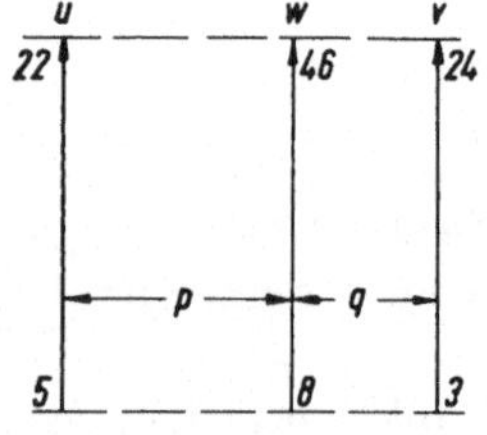

Bild 28. Entwurf $u + v = w$

Lösung: Zweckmäßigerweise wählt man den Abstand $p + q$ der beiden äußeren Leitern voneinander so (gemessen in Millimeter), daß er ein ganzes Vielfaches der Anzahl der Einheiten der inneren Leiter, also der w-Leiter, beträgt, z. B. $2 \cdot 38$ mm $= 76$ mm.

Nach den Gleichungen (23), (24) und (25) wird hier $\dfrac{p}{q} = \dfrac{v}{u}$,

$\dfrac{p}{p+q} = \dfrac{v}{w}$ und $\dfrac{q}{p+q} = \dfrac{u}{w}$. Somit erhält man z. B.

$$p = (p + q)\,\frac{u}{v}\,; \quad p = 76\,\text{mm} \cdot \frac{21\ \text{Einheiten}}{38\ \text{Einheiten}} = 42\,\text{mm}$$

Es ist dann $q = (p + q) - p$; $q = 76\,\text{mm} - 42\,\text{mm} = 34\,\text{mm}$, oder auch

$$q = (p + q)\,\frac{u}{v}\,; \quad q = 76\,\text{mm} \cdot \frac{17\ \text{Einheiten}}{38\ \text{Einheiten}} = 34\,\text{mm}$$

Der Maßstab der u-Leiter sei wie im letzten Beispiel $m_u = 8$ mm/Einheit und damit die Leiterlänge $m_u \cdot u = 8$ mm/Einheit $\cdot$ 17 Einheiten = = 136 mm.

Daraus ergeben sich die Maßstäbe

$$m_v = 136 \text{ mm}/21 \text{ Einheiten} = 6{,}47 \text{ mm/Einheit und}$$

$$m_w = 136 \text{ mm}/38 \text{ Einheiten} = 3{,}58 \text{ mm/Einheit.}$$

Gemäß den Gleichungen (17) und (18) ist auch

$$m_v = m_u \cdot \frac{q}{p} \; ; \quad m_v = 8\,\text{mm/Einheit} \cdot \frac{34 \text{ mm}}{42 \text{ mm}} = 6{,}47 \text{ mm/Einheit}$$

und

$$m_w = m_u \cdot \frac{q}{p + q} ; \quad m_w = 8\,\text{mm/Einheit} \cdot \frac{34 \text{ mm}}{76 \text{ mm}} = 3{,}58 \text{ mm/Einheit.}$$

Aus den Leiterabständen und den Achsenmaßstäben kann nun das Nomogramm Bild 29 gezeichnet werden.

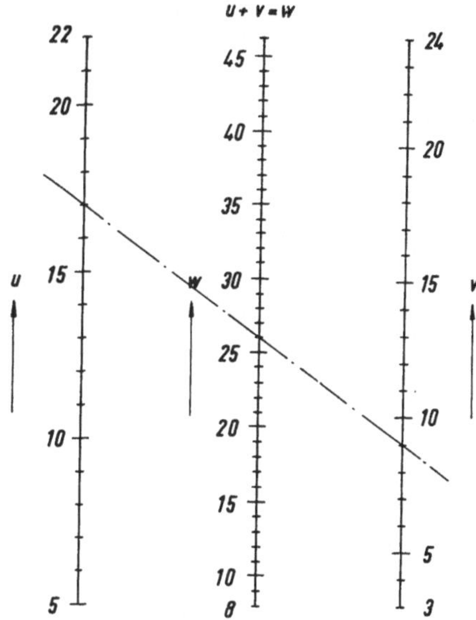

Bild 29
Nomogramm $u + v = w$

Am besten berechnet man für die einzelnen Leitern die Entfernungen der Teilstriche von den jeweiligen Anfangspunkten aus; man kann dann durch Anlegen eines Maßstabes mit Millimeterteilung die Teilsriche nacheinander markieren (siehe hierzu Bild 15).

Man erhält die in den folgenden Tabellen dargestellten Entfernungen.

Darin bedeuten:

1. Spalte   die fortlaufende Bezifferung der Leiter,

2. Spalte   die fortlaufenden Teilstriche in positiver Achsenrichtung, wobei der Anfangsstrich der Leiter nicht gezählt wird,

3. Spalte   die Entfernungen der Teilstriche vom Anfangspunkt der Leiter aus. Sie ergeben sich aus Teilstrichnummer mal Maßstab.

Bezifferung der u-Leiter			Bezifferung der v-Leiter			Bezifferung der w-Leiter		
1 Bezifferung	2 Strichnummer	3 Abstand in mm	1 Bezifferung	2 Strichnummer	3 Abstand in mm	1 Bezifferung	2 Strichnummer	3 Abstand in mm
5	0	0	3	0	0	8	0	0
6	1	8	4	1	6,47	.	.	.
7	2	16	5	2	12,49	10	2	7,15
8	3	24	.	.	.	.	.	.
9	4	32	10	7	45,3	20	12	42,9
10	5	40	.	.	.	.	.	.
11	6	48	15	12	77,7	30	22	78,7
12	7	56	.	.	.	.	.	.
13	8	64	20	17	110,2	40	32	114,6
14	9	72	.	.	.	.	.	.
15	10	80	24	21	136,0	46	38	136,0
16	11	88						
17	12	96						
18	13	104						
19	14	112						
20	15	120						
21	16	128						
22	17	136						

Bei Leitern mit großen Zahlenbereichen nimmt die Berechnung der Abstände der einzelnen Teilstriche viel Zeit in Anspruch. Man kommt schneller zum Ziel, wenn man nur einzelne Teilstriche, z. B. jeden 10. Teilstrich, berechnet (vorletzte und letzte Tabelle) und die Unterteilung mit einem Hilfsmaßstab, ähnlich Bild 16 und 17, vornimmt. Noch schneller kommt man zum Ziel, wenn man die Maßstäbe (m_u, m_v, m_w) auf dem Rechenschieber einstellt und die Entfernungen der Teilstriche nacheinander abliest und sofort auf der entsprechenden Leiter markiert. Man umgeht hier die Darstellung in Tabellenform.

2. Darstellung einer Differenz

Hat die Funktionsgleichung die Form $f(x) - f(y) = f(z)$, z. B. in der Gleichung $a - b = c$, so erhält man durch Umformen die Gleichung $b + c = a$. Hierfür wird das Nomogramm nach Bild 30 aufgebaut. Wegen der Wahl der Zahlenbereiche ist es jedoch oft erforderlich, ja sogar zweckmäßig, die Gleichung unmittelbar in der Form $a - b = c$ darzustellen. Dazu kehrt sich für das negative Glied der Gleichung nur die Richtung der entsprechenden Leiter um, so daß man die Darstellung nach Bild 31 erhält. Es ist immer zweckmäßig, die Bezifferung der beiden unabhängigen Veränderlichen, hier a und b, auf den beiden äußeren Leitern anzubringen, es ergibt sich dann der gesamte Bereich der abhängigen Veränderlichen, hier c, auf der inneren Leiter bei gleicher Leiterlänge.

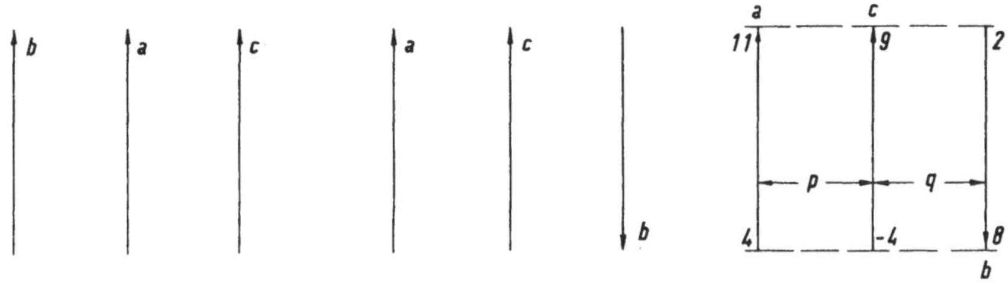

Bild 30. Aufbau $b + c = a$ Bild 31. Aufbau $a - b = c$ Bild 32. Entwurf $a - b = c$

Beispiel: Gegeben sei die Gleichung $a - b = c$ mit den Zahlenbereichen

$a = 4 \dots 11 = 7$ Einheiten und

$b = 2 \dots 8 = 6$ Einheiten.

Dafür ist ein Nomogramm mit gleicher Leiterlänge zu entwerfen.

Lösung: Die Grenzen für c lassen sich leicht aus Bild 32 ableiten.

Es ist:

$$c_{\min} = a_{\min} - b_{\max}; \quad c_{\min} = 4 - 8 = -4$$

$$c_{\max} = a_{\max} - b_{\min}; \quad c_{\max} = 11 - 2 = 9$$

somit $c = -4 \dots 9 = 13$ Einheiten.

Es sei $p + q$ ein ganzes Vielfaches der Anzahl der Einheiten der inneren Leiter, z. B. $7 \cdot 13 = 91$ mm. Damit wird nach Gleichung (24)

$$p = (p + q)\frac{b}{c}; \quad p = 91 \text{ mm} \cdot \frac{6 \text{ Einheiten}}{13 \text{ Einheiten}} = 42 \text{ mm}.$$

Dann wird $q = (p + q) - p; \quad q = 91 \text{ mm} - 42 \text{ mm} = 49 \text{ mm}.$

Es ist zweckmäßig, den Maßstab für die Leiter mit dem größten Zahlenbereich, hier für die c-Leiter, so zu wählen, daß er ohne große Umrechnung leicht aufgetragen werden kann. Wählt man die Leiterlänge 130 mm, so ergeben sich die Maßstäbe

$$m_c = 130\ \text{mm}/13\ \text{Einheiten} = 10\ \text{mm/Einheit},$$
$$m_a = 130\ \text{mm}/\ 7\ \text{Einheiten} = 18{,}57\ \text{mm/Einheit und}$$
$$m_b = 130\ \text{mm}/\ 6\ \text{Einheiten} = 21{,}65\ \text{mm/Einheit}.$$

Somit kann das Nomogramm (Bild 33) gezeichnet werden.

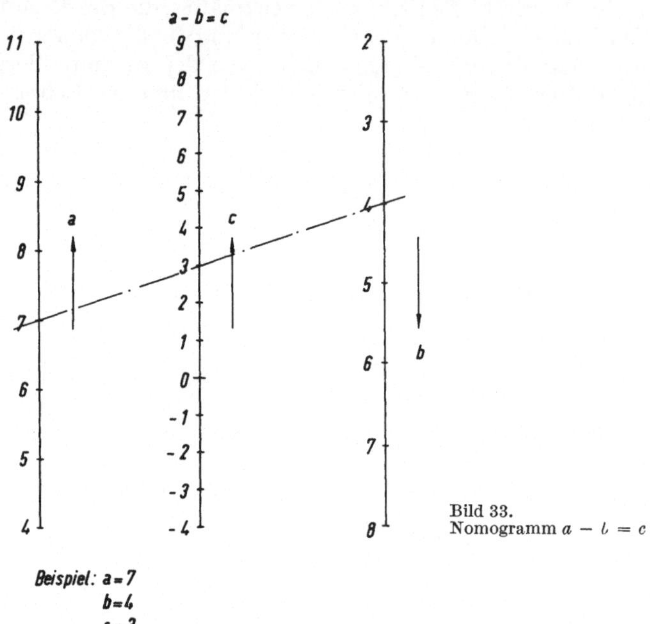

Bild 33.
Nomogramm $a - b = c$

Beispiel: Für die Gleichung $6\,u - 4\,v + 10 = w$ ist ein Nomogramm zu entwerfen. Die Zahlenbereiche seien $u = 5 \dots 20$ und $v = 10 \dots 25$.

Lösung: Bei einer solchen Gleichung behandelt man das konstante Glied $+ 10$ besser zusammen mit einem veränderlichen Glied und erhält z. B. die Gleichung $6\,u - 4\,v = w - 10$. Diese Gleichung hat die Form $f(u) - f(v) = f(w)$ mit $f(u) = 6\,u$, $f(v) = 4\,v$ und $f(w) = w - 10$. Bei der Gleichung $6\,u - 4\,v = w - 10$ sind zwei Zahlenwerte zu unterscheiden: die *Eingangswerte* (*Eingangsgrößen*) für die Bezifferung der Leitern und die *Funktionswerte* für die Ermittlung der Leiterabstände. Bei den bisher behandelten Beispielen waren die Eingangswerte identisch mit den Funktionswerten. Dies ist immer der Fall bei $f(u) = u$.

Unter den Eingangswerten versteht man diejenigen Zahlenwerte, die in der Bezifferung im Nomogramm erscheinen, z. B. die Werte $u = 5 \ldots 20 = 15$ Einheiten für die u-Leiter und $v = 10 \ldots 25 = 15$ Einheiten für die v-Leiter. Unter den Funktionswerten versteht man diejenigen Zahlenwerte, die sich durch Berechnen der darzustellenden Funktion ergeben, z. B. $f(u) = 6\,u = 6 \cdot 5 = 30$ für $u = 5$. Die darzustellenden Bereiche der Funktionswerte heißen *Intervalle*, z. B. $6\,u = 6 \cdot 5 \ldots 6 \cdot 20 = 30 \ldots 120 = 90$ Intervalle für die u-Leiter.

Also ergeben sich die Funktionswerte für die u-Leiter zu

$$6\,u = 6 \cdot 5 \ldots 6 \cdot 20 = 30 \ldots 120 = 90 \text{ Intervalle}$$

und für die v-Leiter zu

$$4\,v = 4 \cdot 10 \ldots 4 \cdot 25 = 40 \ldots 100 = 60 \text{ Intervalle.}$$

Nach Bild 34 erhält man für die w-Leiter die Intervalle $w - 10 = 6\,u - 4\,v = 30 - 100 \ldots 120 - 40 = -70 \ldots 80 = 150$ Intervalle. (Es ergibt sich $30 - 100 = -70$ aus $6\,u_{\min} - 4\,v_{\max}$ und $120 - 40 = 80$ aus $6\,u_{\max} - 4\,v_{\min}$.)

Wählt man $p + q = 105$ mm, so erhält man nach Gleichung (24)

$$p = (p + q)\frac{f(v)}{f(w)}\,; \quad p = 105\,\text{mm} \cdot \frac{60 \text{ Intervalle}}{150 \text{ Intervalle}} = 42\,\text{mm.}$$

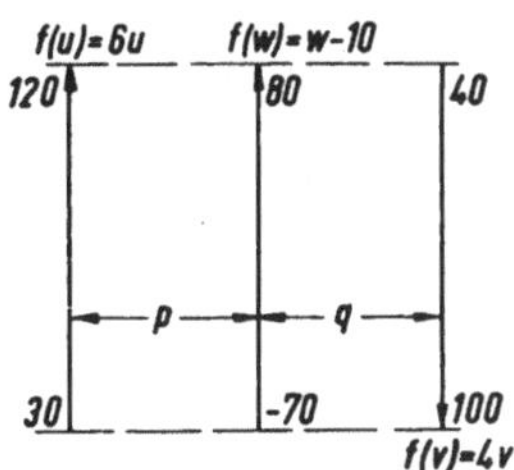

Bild 34. Funktionswerte

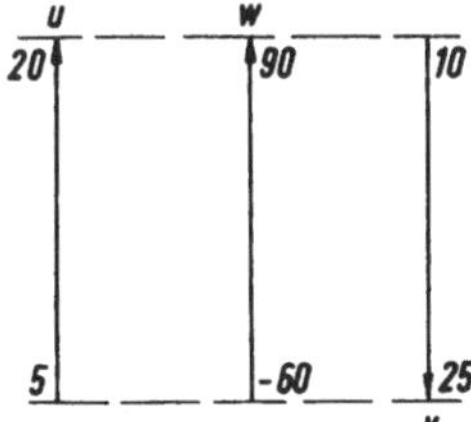

Bild 35. Eingangswerte

Es wird $q = (p + q) - p$; $q = 105$ mm $- 42$ mm $= 63$ mm.

Zu verziffern sind jedoch die Eingangsgrößen u, v und w der vorgegebenen Funktionsgleichung $6\,u - 4\,v + 10 = w$ bzw. $6\,u - 4\,v = w - 10$, nämlich $u = 5 \ldots 20 = 15$ Einheiten und $v = 10 \ldots 25 = 15$ Einheiten. Da $f(w) = w - 10$ gesetzt wurde, wird $w = f(w) + 10$, also $w = -70 + 10 \ldots 80 + 10 = -60 \ldots 90 = 150$ Einheiten (siehe hierzu Bild 35). Wählt man die Leiterlänge 150 mm, so erhält man die Maßstäbe

$$m_u = 150\,\text{mm}/15 \text{ Einheiten} = 10\,\text{mm/Einheit}$$

$$m_v = 150\,\text{mm}/15 \text{ Einheiten} = 10\,\text{mm/Einheit}$$

$$m_w = 150\,\text{mm}/150 \text{ Einheiten} = 1\,\text{mm/Einheit}$$

Das Nomogramm kann nun gezeichnet werden (siehe Bild 36). Wegen der großen Anzahl der Einheiten auf der w-Leiter genügt es, jede zweite Einheit einzuzeichnen.

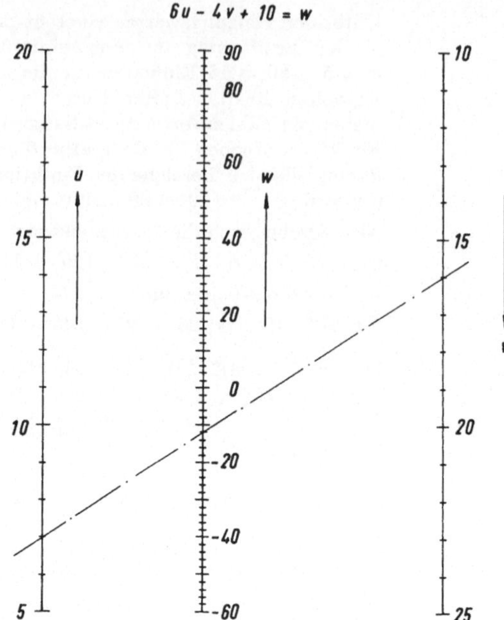

Bild 36. Nomogramm
$6\,u - 4\,v + 10 = w$

Beispiel: Für die Gleichung $a^2 + b^2 = c^2$ soll für die Bereiche $a = 0 \ldots 10$ und $b = 0 \ldots 10$ ein Nomogramm entworfen werden.

Lösung: Die Gleichung hat die Form $f(a) + f(b) = f(c)$ mit $f(a) = a^2$, $f(b) = b^2$ und $f(c) = c^2$. Das Nomogramm wird mit den Funktionswerten a^2, b^2 und c^2 nach Bild 37 entworfen und mit den Eingangswerten a, b und c nach Bild 38 beziffert. Für $a = b = 0 \ldots 10$ wird $a^2 = b^2 = 0 \ldots 100$ und $c^2 = a^2 + b^2$; $c^2 = 0 \ldots 200$. Es wird dann $c = \sqrt{a^2 + b^2}$; $c = \sqrt{0} \ldots \sqrt{200} = 0 \ldots 14{,}14$. Da $f(a) = f(b)$ ist, wird auch $p = q$, z. B. $p = q = 40$ mm.

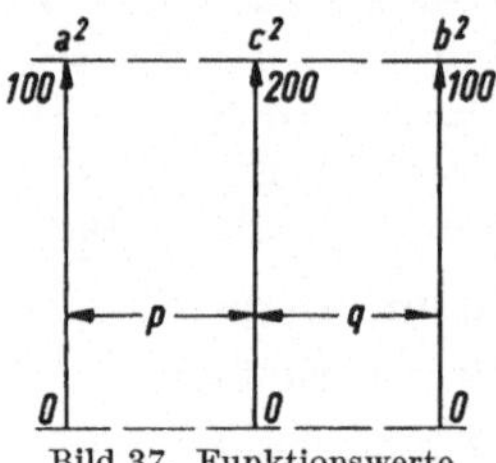

Bild 37. Funktionswerte

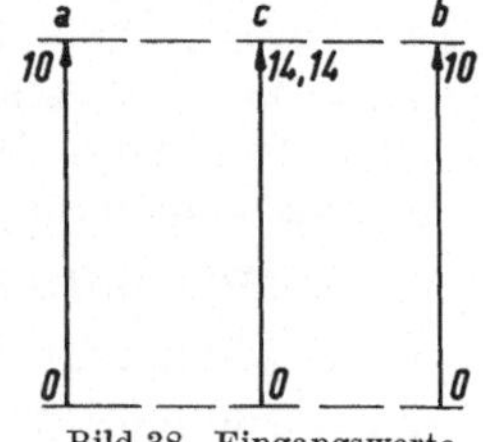

Bild 38. Eingangswerte

Die Berechnung der Abstände der Teilstriche geschieht ebenfalls nach den Funktionswerten. Man gibt a, b und c vor, berechnet die Funktionswerte a^2, b^2 und c^2 und bestimmt dann aus der Leiterlänge die Lage der Teilstriche von den Anfangspunkten der Leitern aus. Da $a^2 = b^2 = 100$ und $c^2 = 200$ ist, wählt man z. B. die Leiterlänge 100 mm. Man erhält die Entfernung der Teilpunkte von den Anfangspunkten der Leitern aus, indem man für die Funktionswerte einen Maßstab festlegt, mit dem man die Funktionswerte multipliziert.

Es ist $m_{a^2} = m_{b^2} = 100$ mm/100 Intervalle $= 1$ mm /Intervall und $m_{c^2} = 100$ mm/200 Intervalle $= 0,5$ mm/Intervall. Somit erhält man die Werte der folgenden Tabellen:

Werte für die a- und b-Leiter

a, b	a^2, b^2	Abstand in mm
0	0	0
1	1	1
2	4	4
3	9	9
4	16	16
5	25	25
6	36	36
7	49	49
8	64	64
9	81	81
10	100	100

Werte für die c-Leiter

c	c^2	Abstand in mm
0	0	0
1	1	0,5
2	4	2
3	9	4,5
4	16	8
5	25	12,5
6	36	18
7	49	24,5
8	64	32
9	81	40,5
10	100	50
11	121	60,5
12	144	72
13	169	84,5
14	196	98
14,14	200	100

Mit diesen Werten kann der Entwurf des Nomogramms (Bild 39) gezeichnet werden.

Das Nomogramm $a^2 + b^2 = c^2$ ist aus drei nicht linear geteilten Funktionsleitern aufgebaut. Es handelt sich um quadratische Leitern. Aus dem Entwurf (Bild 39) ersieht man, bei welchen Einheiten eine weitere Unterteilung notwendig ist. Die Zwischenwerte können ebenso berechnet werden wie die Hauptwerte. Eine weitere Möglichkeit ist die Darstellung der Ab-

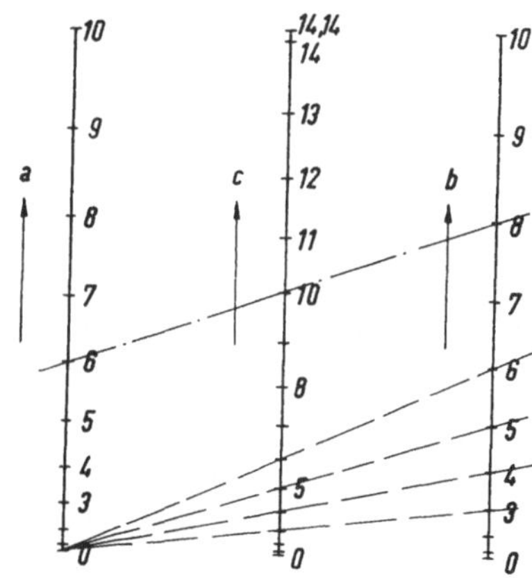

Bild 39. Entwurf $a^2 + b^2 = c^2$

stände der Teilstriche von den Leiteranfangspunkten aus in Abhängigkeit der Eingangsgrößen im rechtwinkligen Koordinatensystem. Es genügt dann die Berechnung der Hauptwerte, und man entnimmt dann die Zwischenwerte aus den so erhaltenen Kurven (Bild 40). So erhält man z. B. für $a = 1{,}5$ einen Abstand von 2,2 mm und für $a = 2{,}5$ einen Abstand von 6,2 mm usw. Man bekommt dann das endgültige Nomogramm (Bild 41).

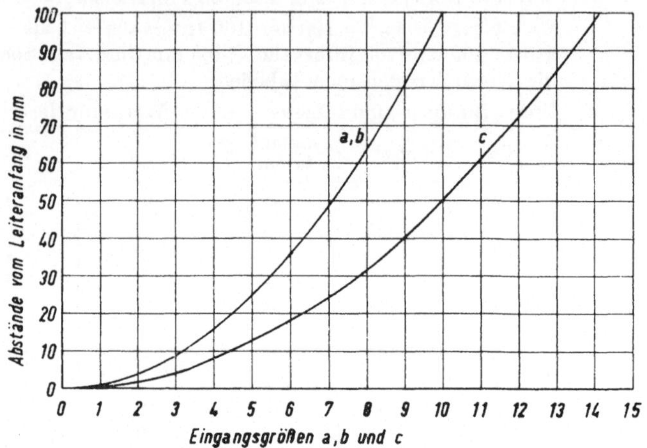

Bild 40. Abstände als Funktion der Eingangsgrößen

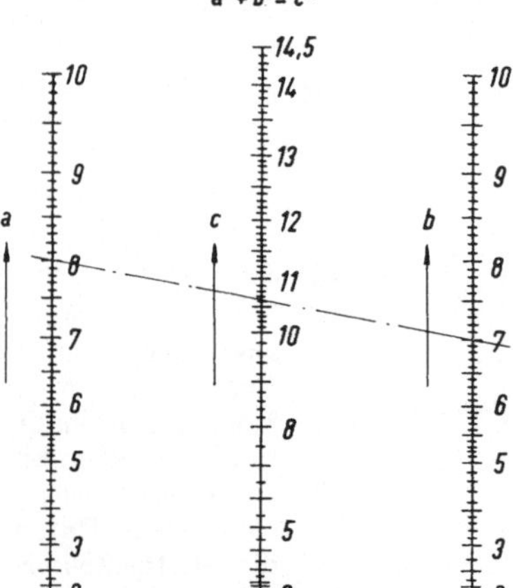

Bild 41. Nomogramm $a^2 + b^2 = c^2$

Es ist auch möglich, die Teilung einer dritten Leiter aus den Teilungen der beiden anderen Leitern zu konstruieren.

Dazu ist für jeden Teilpunkt der dritten Leiter die darzustellende Gleichung so zu lösen, daß zwei Werte der bereits gezeichneten Leitern den gesuchten Wert für den dritten Teilungsträger ergeben (Bild 39). So erhält man z. B. für $a = 6$ und $b = 8$ den Wert $c = 10$ aus $c = \sqrt{a^2 + b^2}$; es ist $c = \sqrt{6^2 + 8^2}$. Die Fluchtlinie von $a = 6$ nach $b = 8$ ergibt auf der c-Leiter den Schnittpunkt für $c = 10$.

Für $a = 0$ wird $b = c$. So könnte z. B. die Teilung der b-Leiter aus der Teilung der c-Leiter auf sehr einfache Weise konstruiert werden. Der Gang der Konstruktion ist in Bild 39 angegeben. Für die a-Leiter setzt man $b = 0$, so daß $a = c$ wird, und verfährt in gleicher Weise. Hierzu muß nur noch die Teilung der c-Leiter analytisch berechnet werden (siehe letzte Tabelle).

3. Darstellung eines Produktes

Gegeben sei die Gleichung $xy = z$. Durch Logarithmieren erhält man $\lg x + \lg y = \lg z$. Die Gleichung entspricht der Form $f(x) + f(y) = f(z)$ mit $f(x) = \lg x$, $f(y) = \lg y$ und $f(z) = \lg z$ und stellt somit die Funktionsgleichung einer Summentafel dar. Die Leitern sind dabei logarithmisch geteilt.

4. Darstellung eines Quotienten

Hat eine Gleichung die Form $z = \dfrac{x}{y}$, so erhält man durch Logarithmieren $\lg z = \lg x - \lg y$, also wiederum die Funktion einer Summentafel, mit logarithmisch geteilten Leitern, wobei sich nur die Richtung der y-Leiter umkehrt.

Beispiel: Die Gleichung $I = U/R$ (siehe Beispiel S. 12) soll in einem Nomogramm dargestellt werden. Die Bereiche seien $U = 2 \dots 20$ V und $R = 1 \dots 10\ \Omega$.

Lösung: Durch Logarithmieren erhält man die Gleichung $\lg I = \lg U - \lg R$. In einer Skizze nach Bild 42 werden die Richtungen und die Grenzen der Leitern festgelegt. Man erhält $I_{\min} = 2\ \text{V}/10\ \Omega = 0{,}2$ A und $I_{\max} = 20\ \text{V}/1\ \Omega = 20$ A.

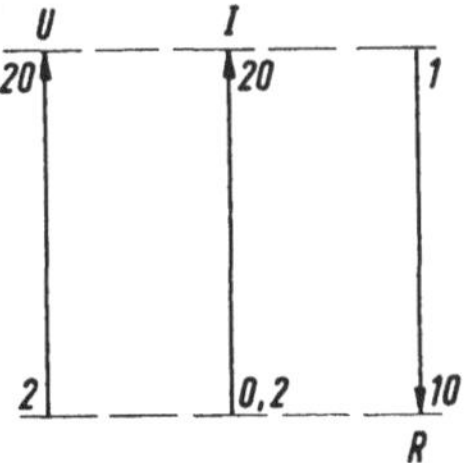

Bild 42. Abgrenzung der Leitern

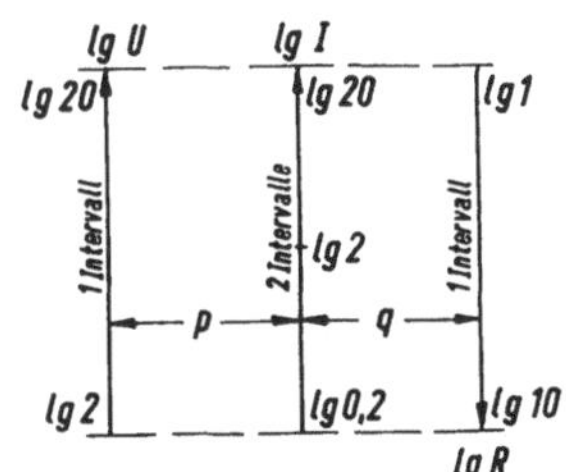

Bild 43. Entwurf mit den Funktionswerten

Das Nomogramm wird mit den Funktionswerten $\lg I$, $\lg U$ und $\lg R$ entworfen (siehe Bild 43). Danach ergeben sich folgende Werte:

Für die U-Achse: $U = 2 \ldots 20$ V,
$\lg U = \lg 2 \ldots \lg 20 = 0{,}301 \ldots 1{,}301 = 1$ Intervall.

Für die R-Achse: $R = 1 \ldots 10\ \Omega$,
$\lg R = \lg 1 \ldots \lg 10 = 0{,}000 \ldots 1{,}000 = 1$ Intervall.

Für die I-Achse: $I = 0{,}2 \ldots 20$ A,
$\lg I = \lg 0{,}2 \ldots \lg 20 = (0{,}301-1) \ldots 1{,}301 = 2$ Intervalle.

Man erhält die Anzahl der Intervalle, indem man den kleinsten Funktionswert vom größten abzieht. Im letzten Fall wird die Anzahl der I-Intervalle $= \lg 20 - \lg 0{,}2 = 1{,}301 - (0{,}301 - 1) = 2$.

Auf den beiden äußeren Achsen ist also je ein Intervall[1]) zu verziffern, d. h. es wird $p = q$. Es sei $p = q = 40$ mm. Die Leiterlänge sei 120 mm.

Die analytische Berechnung der Teilstriche ergibt die folgenden Tabellen. Die Differenz in Spalte 3 gibt den relativen Abstand der Teilstriche vom Anfangspunkt der Leiter aus an. (Z. B.: Für $U = 9$ wird $\lg U = 0{,}954$ und ergibt eine Differenz gegen $U = 2$, also $\lg 2 = 0{,}301$, von $0{,}954 - 0{,}301 = 0{,}653$.) Den absoluten Abstand in Millimeter in Spalte 4 erhält man durch Multiplikation des relativen Abstands in Spalte 3 mit dem Maßstab, der sich aus Leiterlänge und maximaler Differenz ergibt. Es wird $m_U = 120$ mm/Dekade, $m_R = 120$ mm/Dekade und $m_I = 120$ mm/2 Dekaden $= 60$ mm/Dekade. Somit wird für $U = 9$ mit der Differenz $0{,}653$ der Abstand vom Leiteranfangspunkt gleich $0{,}659 \cdot 120$ mm $= 78{,}5$ mm.

Bezifferung der U-Achse

U in V	$\lg U$	Differenz	Abstand in mm
2	0,301	0,000	0
3	0,477	0,176	21,1
4	0,602	0,301	36,2
5	0,699	0,398	47,8
6	0,778	0,477	57,3
7	0,845	0,544	65,3
8	0,903	0,602	72,3
9	0,954	0,653	78,5
10	1,000	0,699	83,9
20	1,301	1,000	120,0

---

[1]) Ein Intervall mit logarithmischer Teilung heißt auch eine *logarithmische Einheit* oder eine *Dekade*.

Bezifferung der R-Achse

R in Ω	lg R	Differenz	Abstand in mm
1	0,000	0,000	0
2	0,301	.	36,2
3	0,477	.	57,3
4	0,602	.	72,3
5	0,699	.	89,9
6	0,778	.	93,5
7	0,845	.	101,5
8	0,903	.	108,2
9	0,954	.	114,3
10	1,000	1,000	120,0

Bezifferung der I-Achse

I in A	lg I	Differenz	Abstand in mm
0,2	0,301 − 1	0	0
0,3	0,477 − 1	0,176	10,6
0,4	0,602 − 1	0,301	18,1
0,5	0,699 − 1	0,398	23,9
0,6	0,778 − 1	0,477	28,6
0,7	0,845 − 1	0,544	32,6
0,8	0,903 − 1	0,602	36,2
0,9	0,954 − 1	0,653	39,2
1	0,000	0,699	41,9
2	0,301	1,000	60,0
3	0,477	1,176	70,6
4	0,602	1,301	78,1
5	0,699	1,398	83,9
6	0,778	1,477	88,6
7	0,845	1,544	92,6
8	0,903	1,602	96,2
9	0,954	1,653	99,2
10	1,000	1,699	101,8
20	1,301	2,000	120,0

Es ist zu beachten, daß die Bezifferung der U- und I-Achse von
unten nach oben, die der R-Achse von oben nach unten erfolgt.
Die I-Achse umfaßt zwei logarithmische Einheiten (von 0,2 ... 2 und
von 2 ... 20). Es genügt, wenn nur für eine logarithmische Einheit
die Teilung berechnet und dann zweimal abgetragen wird. Mit den

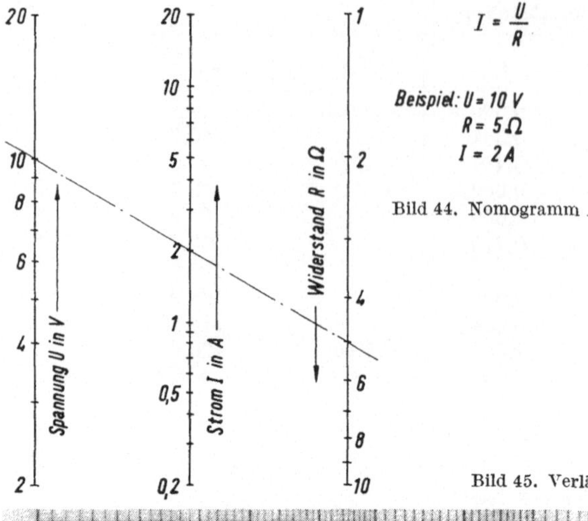

$$I = \frac{U}{R}$$

Beispiel: $U = 10\ V$
$R = 5\ \Omega$
$I = 2\ A$

Bild 44. Nomogramm $I = U/R$

Bild 45. Verlängerung einer Dekade

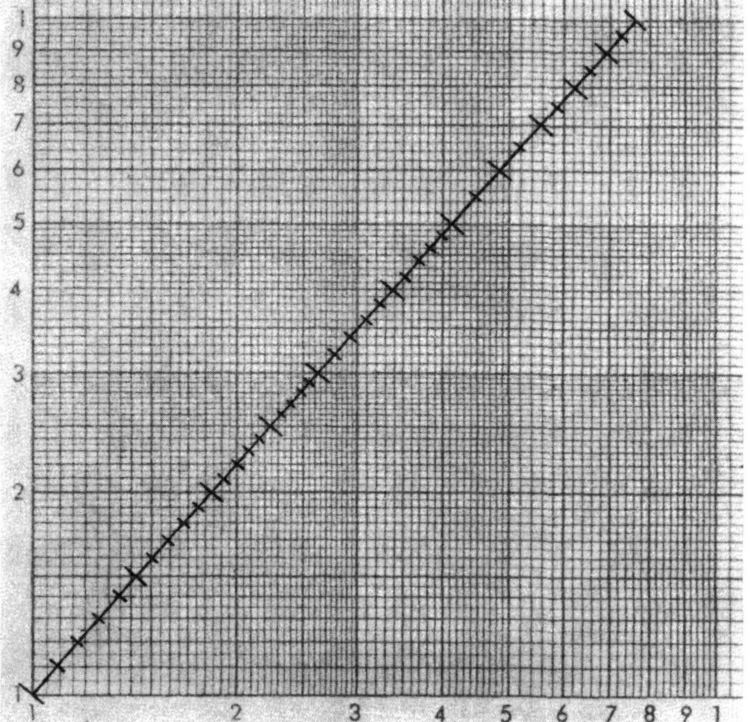

Werten der letzten drei Tabellen kann das Nomogramm (Bild 44) gezeichnet werden.

Sehr einfach erhält man logarithmische Teilungen aus Logarithmenpapier. Es genügt, wenn für die verschiedenen Achsenmaßstäbe je eine logarithmische Einheit entnommen und nach Bedarf auf den Achsen wiederholt abgetragen wird. Logarithmenpapier ist in verschiedenen Ausführungen erhältlich. Selbstverständlich kann es genauso wie andere funktionelle Teilungen entworfen werden. Die Bilder 45 und 46 zeigen einfache geometrische Konstruktionen, mit denen Dekaden mit gegebener Länge verlängert oder verkürzt werden können.

Das Nomogramm (Bild 44) umfaßt sowohl auf der U-Achse als auch auf der R-Achse eine Dekade, nämlich von 2 ... 20 V bzw. von 1 ... 10 Ω. Die Länge der Dekaden beträgt je 120 mm. Das vorhandene Logarithmenpapier habe eine Dekadenlänge von 90 mm.

Bild 46. Verkürzung einer Dekade

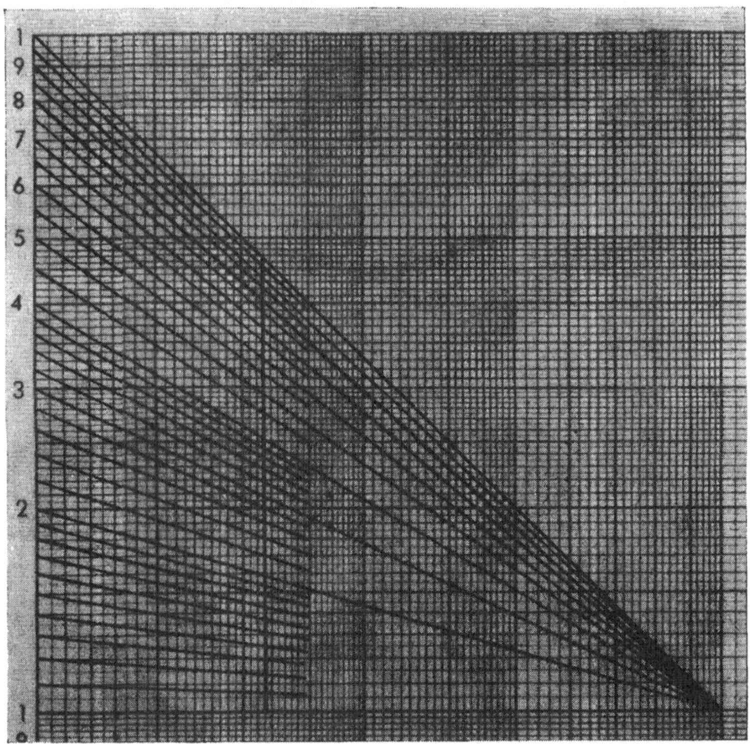

Durch Einzeichnen einer Strecke von 120 mm Länge nach Bild 45 erhält man auf einfache Weise eine Dekade von 120 mm Länge. Mit einem Papierstreifen (Bild 47, Hilfsmaßstab) nimmt man die so erhaltene Teilung ab und überträgt sie auf die U- bzw. R-Achse des Nomogramms. Die I-Achse des Nomogramms umfaßt zwei Dekaden, nämlich von 0,2 … 20 A von zusammen 120 mm Länge, also eine Dekade von 60 mm Länge. Durch Einzeichnen eines Strahlenbündels in das vorhandene Logarithmenpapier mit 90 mm Dekadenlänge nach Bild 46 erhält man eine Dekade von 60 mm Länge, die in gleicher Weise auf die R-Achse, jedoch zweimal nacheinander, übertragen wird. (Siehe Bilder 16, 17 und 18.) Durch Übertragen der logarithmischen Maßstäbe aus dem Logarithmenpapier gewinnt man auf einfache Weise feingeteilte Leitern mit logarithmischer Teilung für das Nomogramm Bild 48.

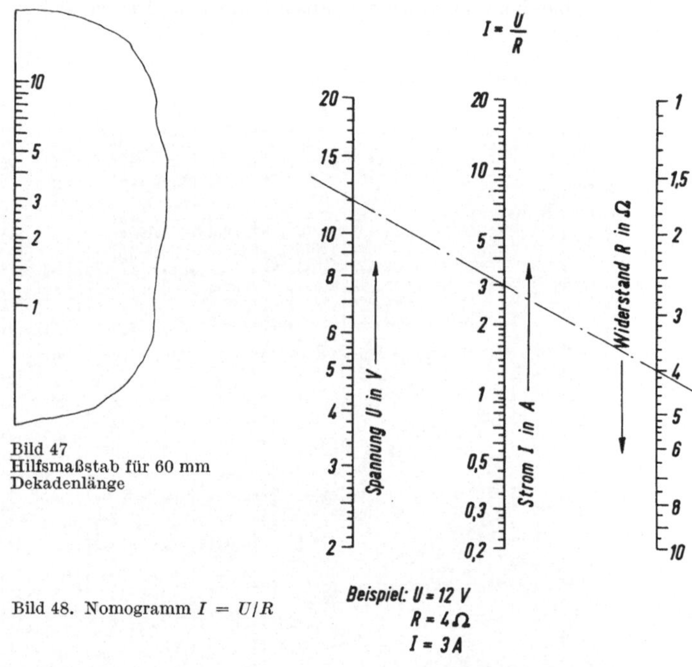

Bild 47
Hilfsmaßstab für 60 mm
Dekadenlänge

Bild 48. Nomogramm $I = U/R$

Bei der Darstellung eines Produktes in einer Summentafel darf der Faktor 0 nicht auftreten, da der Logarithmus der Zahl 0 bei $-\infty$ liegt. Produkte, bei denen der Faktor 0 erfaßt werden soll, können in einem anderen Nomogrammtyp dargestellt werden, der später behandelt wird.

Beispiel: Für die gleichmäßig beschleunigte Bewegung aus der Ruhe heraus gilt die Beziehung $s = \dfrac{a}{2}\, t^2$, wobei s der zurückgelegte Weg, a die gleichmäßige Beschleunigung und t die Zeit bedeuten. Setzt man die Beschleunigung a in Meter/Sekunde² und die Zeit t in Sekunden ein, so erhält man den zurückgelegten Weg s in Metern. Für die Bereiche $a = 1 \ldots 10 \text{ m/s}^2$ und $t = 1 \ldots 60 \text{ s}$ ist eine Fluchtlinientafel mit gleich langen Leitern zu entwerfen.

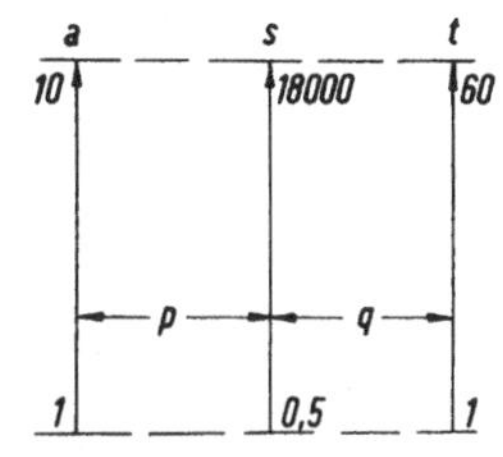

Bild 49. Bezifferung nach den Eingangsgrößen gemäß der Funktionsgleichung

Lösung: Durch Logarithmieren erhält man

$\lg s = \lg \dfrac{a}{2} + 2 \cdot \lg t$. Bild 49 zeigt den Aufbau der Tafel. Die Grenzen für s ergeben sich zu $s_{\min} = \dfrac{1}{2} \cdot 1^2 = 0{,}5 \text{ m}$ und

$s_{\max} = \dfrac{10}{2} \cdot 60^2 = 18\,000 \text{ m}.$

Zum Entwurf des Nomogramms benötigt man die Funktionswerte. Für die a-Leiter ist $a = 1 \ldots 10 \text{ m/s}^2$,

$$\lg \frac{a}{2} = \lg 0{,}5 \ldots \lg 5 = 0{,}699 - 1 \ldots 0{,}699 = 1 \text{ Dekade.}$$

Für die t-Leiter ist $t = 1 \ldots 60 \text{ s}$,
$$2 \cdot \lg t = 2 \cdot \lg 1 \ldots 2 \cdot \lg 60 = 2 \cdot 0 \ldots 2 \cdot 1{,}778 = 0 \ldots 3{,}556 =$$
$$= 3{,}556 \text{ Dekaden.}$$

Für die s-Leiter ist $s = 0{,}5 \ldots 18\,000 \text{ m}$,
$$\lg s = \lg 0{,}5 \ldots \lg 18\,000 = 0{,}699 - 1 \ldots 4{,}255 = 4{,}556 \text{ Dekaden.}$$
(Es ist $4{,}255 - (0{,}699 - 1) = 4{,}255 - 0{,}699 + 1 = 4{,}556$)
Wählt man $p + q = 80 \text{ mm}$, so erhält man p bzw. q aus dem Verhältnis $\dfrac{p}{p+q} = \dfrac{f(t)}{f(s)}$; $\dfrac{p}{p+q} = \dfrac{p}{80} = \dfrac{3{,}556 \text{ Dekaden}}{4{,}556 \text{ Dekaden}}$ und daraus

$$p = 80 \text{ mm} \cdot \frac{3{,}556}{4{,}556} = 62{,}4 \text{ mm und } q = 80 \text{ mm} - 62{,}4 \text{ mm} = 17{,}6 \text{ mm}.$$

Die Bezifferung der Leitern erfolgt nach den in Bild 49 angegebenen Eingangsgrößen gemäß der Funktionsgleichung in logarithmischer Teilung.

Es ergibt sich für die a-Leiter $\lg 1 \ldots \lg 10 = 1$ Dekade, für die t-Leiter $\lg 1 \ldots \lg 60 = 1{,}778$ Dekaden und für die s-Leiter $\lg 0{,}5 \ldots \lg 18\,000 = 4{,}556$ Dekaden.

Bei einer Leiterlänge von 120 mm wird die Länge einer Dekade für die a-Leiter = 1 Dekade = 120 mm; für die t-Leiter = 1,778 Dekaden = 120 mm, also 1 Dekade = 120 mm/1,778 Dekaden = 67,5 mm; für die s-Leiter werden 4,556 Dekaden = 120 mm, also 1 Dekade = 120 mm/4,556 Dekaden = 26,3 mm. Aus Bild 45 entnimmt man die Skalenteilung für die a-Leiter und aus Bild 46 die Skalenteilungen durch Einzeichnen geeigneter Senkrechten der t-und s-Leiter. Somit kann das Nomogramm Bild 50 gezeichnet werden.

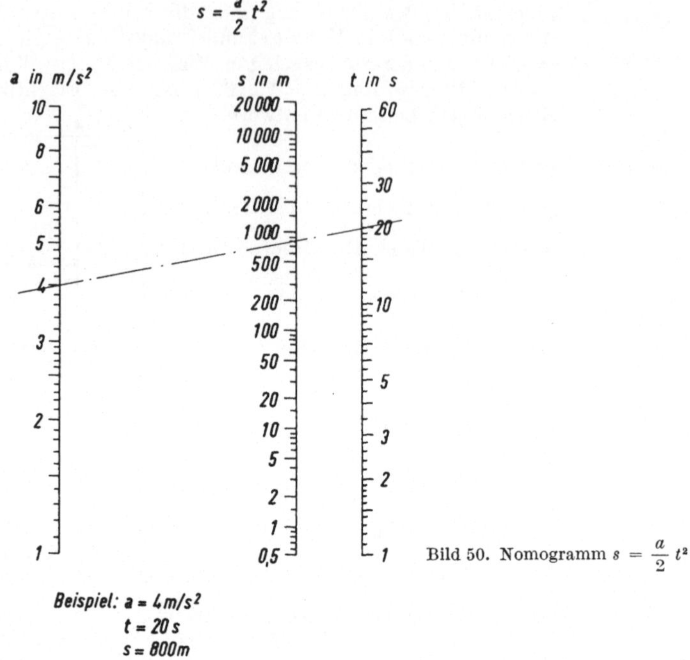

Bild 50. Nomogramm $s = \dfrac{a}{2}\, t^2$

5. Gleichungen mit mehr als drei Veränderlichen

Das Aufstellen eines Nomogramms für eine Gleichung mit mehr als drei Veränderlichen soll an Hand des folgenden Beispiels gezeigt werden.

Beispiel: Für Drähte aus verschiedenem Material ist für das Gewicht G als Funktion des Drahtdurchmessers d, der Drahtlänge l und der Wichte γ ein Nomogramm mit gleich langen Leitern zu entwerfen. Es gilt die Beziehung

$$G = \frac{d^2\,\pi}{4}\, l\, \gamma \qquad (26)$$

Der Ausdruck

$$\frac{d^2\,\pi}{4} = A \qquad (27)$$

gilt für den Drahtquerschnitt, d. h. es ist

$$G = A\, l\, \gamma \qquad (28)$$

Lösung: Diese Gleichung besteht aus vier Veränderlichen und kann mit einem Nomogramm mit drei Leitern nicht mehr erfaßt werden. Sie wird darum in zwei Gleichungen mit je drei Veränderlichen aufgespalten. In Gleichung (28) entspricht das Produkt Al dem Volumen V des Drahtes, so daß mit

$$V = A\,l \tag{29}$$

das Gewicht
$$G = V\,\gamma \tag{30}$$

wird. Durch Logarithmieren erhält man aus Gleichung (30)

$$\lg G = \lg V + \lg \gamma \tag{31}$$

und aus Gleichung (29)

$$\lg V = \lg A + \lg l \tag{32}$$

Beide Gleichungen haben drei Veränderliche und die charakteristische Form für eine Summentafel.

Nach Gleichung (27) kann A als Funktion von d aufgefaßt und in einer Leiter als Doppelleiter erfaßt werden.

Die Bereiche seien für $d = 0{,}2 \ldots 2$ mm, für $l = 50 \ldots 500$ m und für $\gamma = 1 \ldots 10$ p/cm³.

Gemäß den Gleichungen (31) und (32) haben die beiden Nomogramme den Aufbau nach Bild 51. Die Nomogramme werden zunächst so entworfen, daß die Leitern für die den beiden Gleichungen gemeinsame Veränderliche untereinander gezeichnet werden. Die V-Leiter in Bild 51 unten steht unter der V-Leiter in Bild 51 oben.

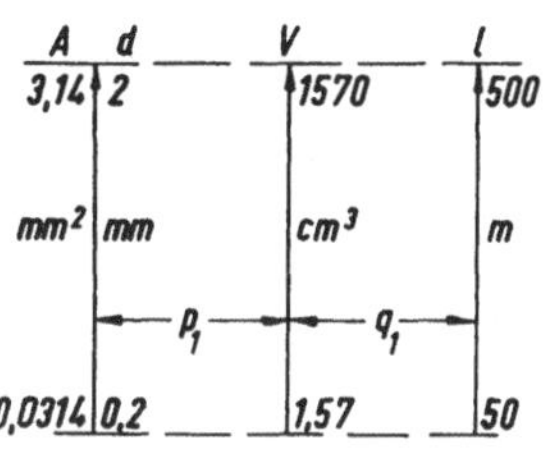
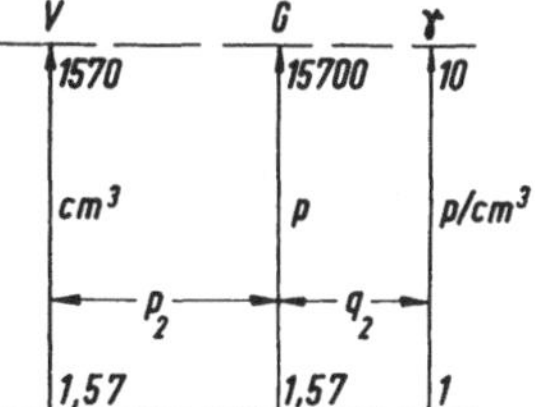

Bild 51
Aufbau der Teilnomogramme

Nach Gleichung (27) ist

$$A = \frac{d^2\,\pi}{4}; \quad A = \frac{0{,}2^2\,\pi}{4} \ldots \frac{2^2\,\pi}{4} = 0{,}0314 \ldots 3{,}14 \text{ mm}^2.$$

Somit ist nach Gleichung (29)

$$V = Al; \quad V = 0{,}0314 \cdot 50 \ldots 3{,}14 \cdot 500 = 1{,}57 \ldots 1570 \text{ cm}^3.$$

Nach Gleichung (30) wird dann

$G = V\gamma; G = 1{,}57 \cdot 1 \dots 1570 \cdot 10 = 1{,}57 \dots 15\,700$ p.

Zur Ermittlung der Leiterabstände erhält man folgende Funktionswerte:

Für die A-Leiter:

$\lg A = \lg 0{,}0314 \dots \lg 3{,}14 = 0{,}497 - 2 \dots 0{,}497 = 2$ Dekaden.
Auf die gleiche Weise erhält man

für die l-Leiter: $\lg 50 \dots \lg 500 = 1$ Dekade
für die V-Leiter: $\lg 1{,}57 \dots \lg 1570 = 3$ Dekaden
für die γ-Leiter: $\lg 1 \dots \lg 10 = 1$ Dekade und
für die G-Leiter: $\lg 1{,}57 \dots \lg 15\,700 = 4$ Dekaden

Somit verhalten sich $\dfrac{p_1}{q_1} = \dfrac{f(l)}{f(A)}$; $\dfrac{p_1}{q_1} = \dfrac{1 \text{ Dekade}}{2 \text{ Dekaden}} = \dfrac{1}{2}$ und

$$\frac{p_2}{q_2} = \frac{f(\gamma)}{f(V)} \; ; \; \frac{p_2}{q_2} = \frac{1 \text{ Dekade}}{3 \text{ Dekaden}} = \frac{1}{3}$$

Durch Ineinanderschieben der beiden Nomogramme nach Bild 51 erhält man eine erweiterte Summentafel nach Bild 52. Durch Wahl von $p_1 = 30$ mm wird $q_1 = 60$ mm, und $p_2 = 25$ mm wird $q_2 = 75$ mm. Zu bemerken ist, daß die Wahl von p_1 und q_1 unabhängig von p_2 und q_2 getroffen werden kann, es müssen lediglich die Verhältnisse p_1/q_1 und p_2/q_2 eingehalten werden.

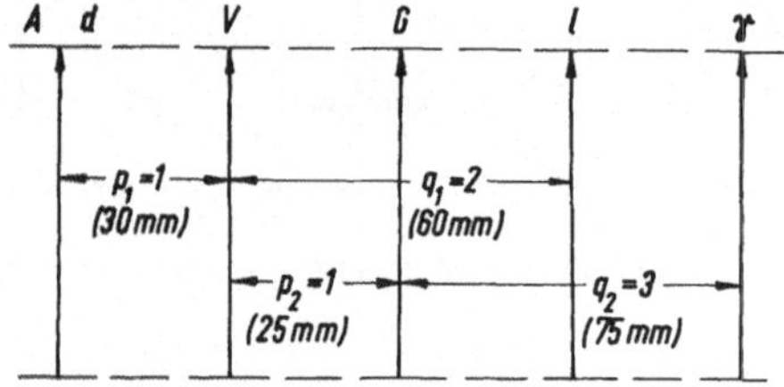

Bild 52
Erweiterte Summentafel

Wie aus Bild 52 zu ersehen ist, wird die Gesamtbreite des Nomogramms 130 mm. Wählt man die Höhe des Nomogramms mit 120 mm, so ergeben sich für die Bezifferung folgende Dekadenlängen:

Für $A = 0{,}0314 \dots 3{,}14 = 2$ Dekaden zu 120 mm,
    somit 1 Dekade $= 60$ mm
für $d = 0{,}2 \dots 2 = 1$ Dekade $= 120$ mm
für $l = 50 \dots 500 = 1$ Dekade $= 120$ mm
für $V = 1{,}57 \dots 1570 = 3$ Dekaden zu 120 mm,
    also 1 Dekade $= 40$ mm
für $\gamma = 1 \dots 10 = 1$ Dekade $= 120$ mm
für $G = 1{,}57 \dots 15\,700 = 4$ Dekaden zu 120 mm,
    also 1 Dekade $= 30$ mm.

Aus Bild 45 und 46 entnimmt man die entsprechenden Skalenteilungen, und das Nomogramm kann gezeichnet werden (Bild 53).

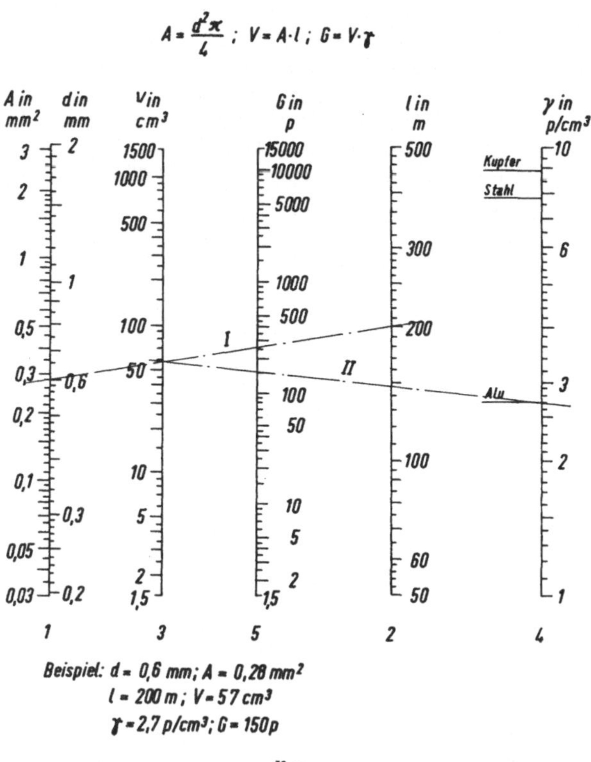

Bild 53. Nomogramm $G = \dfrac{d^2 \pi}{4} l\, \gamma$

Beim Ablesen ist zu beachten, daß die Fluchtlinie I zu den Leitern 1, 2 und 3, die Fluchtlinie II zu den Leitern 3, 4 und 5 gehört.

Die Teilung der Skala auf der Doppelleiter für den Querschnitt A beginnt mit 0,03 mm², wozu der Anfangsstrich bei $d = 0,196$ mm beginnen würde. Der Querschnitt $A = 0,0314$ mm² entsprechend dem Durchmesser $d = 0,2$ mm wird wegen der besseren Übersicht nicht eingetragen. Desgleichen beginnt die Bezifferung der Leitern 3 und 5 mit 1,5 und nicht mit 1,57. An der Leiter 4 können noch bei den entsprechenden Wichten die dazugehörigen Stoffe geschrieben werden.

6. Nomogramme mit Zapfenlinie

Im allgemeinen ist zur Ermittlung des Gewichts von Drähten die Kenntnis des Querschnitts und des Volumens nicht erforderlich (siehe letztes Beispiel und Bild 53), so daß die Bezifferung dieser Achsen weggelassen werden kann. Das Nomogramm wird dadurch übersichtlicher. Die Doppelleiter 1 wird zur Einfachleiter. Die Leiter 3 tritt nur als gerade Linie in Erscheinung, man nennt sie *Zapfenlinie*. Sie wird nur gebraucht, um den Durchgangspunkt der Fluchtlinie II festzulegen. So entsteht das Nomogramm Bild 54. Wie aus der Herleitung zu ersehen ist, ist die Zapfenlinie den Leitern d und l zugeordnet. Dies wird durch einen Doppelpfeil angegeben.

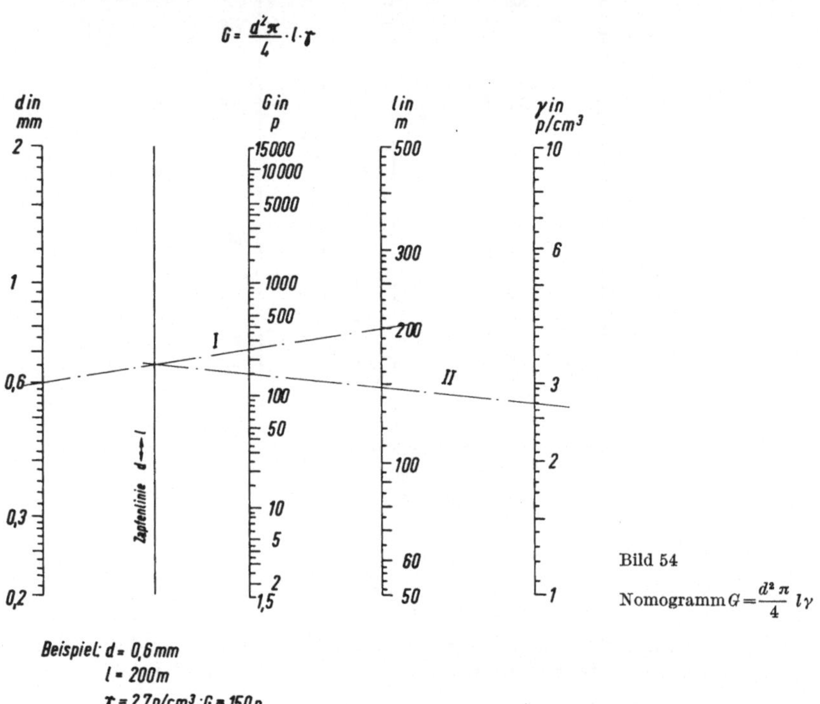

Beispiel: Für den Widerstand R einer elektrischen Leitung gilt die Beziehung $R = \frac{\varrho\, l}{A}$, wobei ϱ der spezifische Widerstand des Leitermaterials, l die Länge und A der Querschnitt der Leitung ist. Mit l in m, A in mm² und ϱ in $\frac{\Omega\,\text{mm}^2}{\text{m}}$ erhält man R in Ω.

Lösung: Die Gleichung $R = \dfrac{\varrho\, l}{A}$ besteht aus vier Veränderlichen und kann mit einem Nomogramm mit 3 Leitern nicht erfaßt werden. Schreibt man die Gleichung in der Form $RA = \varrho l = z$, wobei z nur die Funktion einer Hilfsgröße zukommt, so erhält man die zwei Gleichungen $RA = z$ und $\varrho l = z$ mit je drei Veränderlichen. Durch Logarithmieren der beiden Gleichungen erhält man dann die Gleichungen $\lg R + \lg A = \lg z$ und $\lg \varrho + \lg l = \lg z$. Beide Gleichungen ergeben eine Summentafel. Durch Wahl geeigneter Bereiche für R, A, ϱ und l kann die z-Leiter für beide Gleichungen gemeinsam gewählt werden; sie braucht nicht beziffert zu werden und hat die Funktion einer Zapfenlinie. Mittels einer Skizze nach Bild 55, in der die gemeinsame Zapfenlinie der beiden Nomogramme untereinander gezeichnet wird, werden die Bereiche der einzelnen Leitern festgelegt.

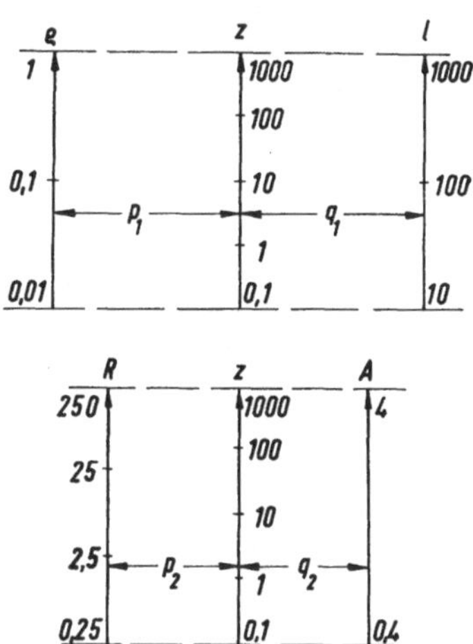

Bild 55. Aufbau der Teilnomogramme

Von vornherein sollen für die Gleichung $\lg \varrho + \lg l = \lg z$ (Bild 55 oben) die Bereiche $\varrho = 0,01 \ldots 1 \,\dfrac{\Omega \cdot \mathrm{mm}^2}{\mathrm{m}}$ und $l = 10 \ldots 1000$ m festliegen. Es sind dies je 2 Dekaden. Somit ergeben sich für $z = \varrho l = 0,1 \ldots 1000\ \Omega \cdot \mathrm{mm}^2 = 4$ Dekaden. Für die Gleichung $\lg R + \lg A = \lg z$ (Bild 55 unten) sei der Bereich $A = 0,4 \ldots 4\ \mathrm{mm}^2$ vorgegeben. Da bereits für das Nomogramm Bild 55 oben der Bereich für $z = 0,1 \ldots 1000\ \mathrm{mm}^2$ festgelegt wurde, liegt der Bereich für R für das Nomogramm Bild 55 unten zwangsläufig fest. Es muß die Bedingung erfüllt sein: $RA = z = 0,1 \ldots 1000\ \Omega \cdot \mathrm{mm}^2$ bei $A = 0,4 \ldots 4\ \mathrm{mm}^2$. Dies wird erreicht für $R = 0,25 \ldots 250\ \Omega$. Die A-Leiter umfaßt somit 1 Dekade, die R-Leiter 3 Dekaden und die z-Leiter wieder

4*

4 Dekaden. Die Abstände der einzelnen Leitern von der z-Leiter ergeben sich wie folgt:

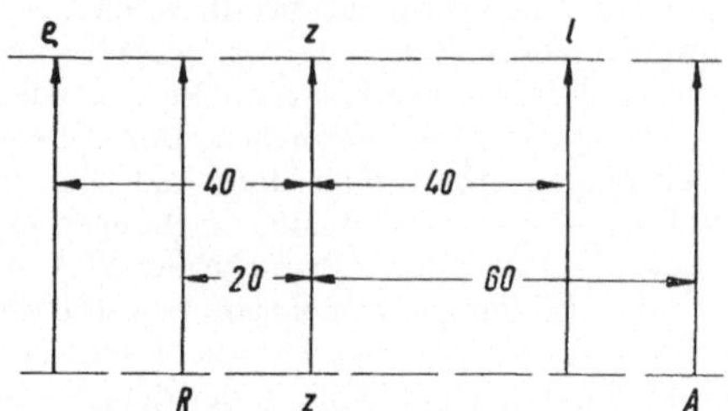

Bild 56. Summentafel für vier Veränderliche

$$\frac{p_1}{q_1} = \frac{f(l)}{f(\varrho)}$$

$$\frac{p_1}{q_1} = \frac{2\,\text{Dekaden}}{2\,\text{Dekaden}} = \frac{1}{1}$$

und

$$\frac{p_2}{q_2} = \frac{f(A)}{f(R)}$$

$$\frac{p_2}{q_2} = \frac{1\,\text{Dekade}}{3\,\text{Dekaden}} = \frac{1}{3}$$

Die Leiterabstände werden nach diesen Verhältnissen gewählt: $p_1 = 40$ mm, somit $q_1 = 40$ mm und $p_2 = 20$ mm, somit $q_2 = 60$ mm (siehe Bild 56). Mit der Nomogrammhöhe von 120 mm ergeben sich die Längen der Dekaden:

Für $R = 3$ Dekaden zu je 40 mm,

für $A = 1$ Dekade zu 120 mm,

für $\varrho = 2$ Dekaden zu je 60 mm und

für $l = 2$ Dekaden zu je 60 mm.

Die z-Achse wird nicht beziffert. Damit kann das Nomogramm (Bild 57) gezeichnet werden.

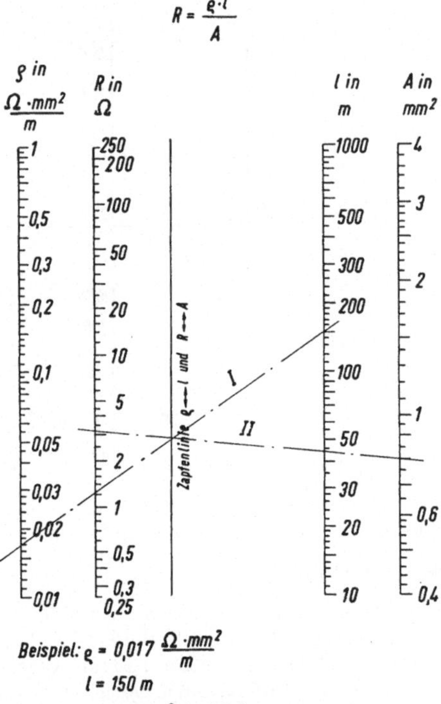

Bild 57. Nomogramm $R = \dfrac{\varrho\, l}{A}$. Die Fluchtlinie I durch $\varrho = 0{,}017$ und $l = 150$ ergibt einen Punkt auf der Zapfenlinie; die Fluchtlinie II durch diesen Punkt und $A = 0{,}8$ ergibt $R = 3{,}2$

Beispiel: Für einen rechteckigen Querschnitt sei b die Breite in cm und h die Höhe in cm (Bild 58). Dann ist

$$b\,h = A \tag{33}$$

die Fläche in cm²,

$$\frac{b\,h^2}{6} = W \tag{34}$$

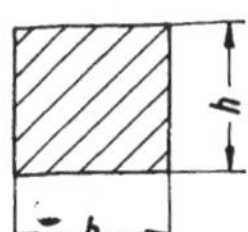

Bild 58

das Widerstandsmoment in cm³ und

$$\frac{b\,h^3}{12} = J \tag{35}$$

das äquatoriale Trägheitsmoment in cm⁴.

Für die drei Werte A, W und J sind Nomogramme zu entwerfen. Die Bereiche für b und h seien gleich, und zwar 2 ... 20 cm.

Lösung: Die Gleichungen (34) und (35) können besser behandelt werden, wenn man sie etwas umstellt, so daß man folgende Gleichungen erhält:

$$b\,h = A$$

$$b\,h^2 = 6\,W \tag{36}$$

$$b\,h^3 = 12\,J \tag{37}$$

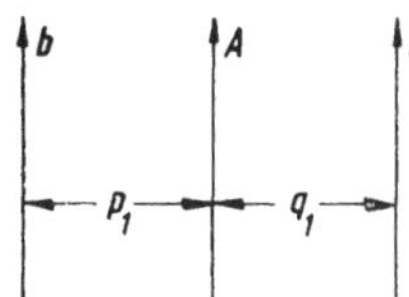

Durch Logarithmieren erhält man für alle drei Gleichungen die charakteristischen Gleichungen einer Summentafel:

aus Gl. (33) folgt

$$\lg b + \lg h = \lg A \tag{38}$$

aus Gl. (36) folgt

$$\lg b + 2\lg h = \lg W + \lg 6 \tag{39}$$

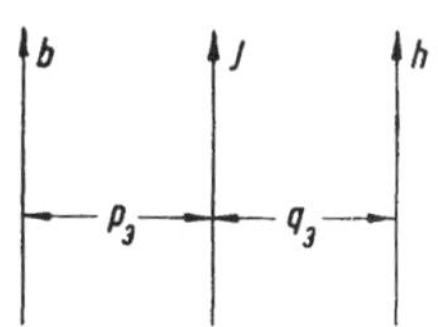

aus Gl. (37) folgt

$$\lg b + 3\lg h = \lg J + \lg 12 \tag{40}$$

Bild 59. Aufbau der Teilnomogramme

Den drei Gleichungen entsprechen somit drei Nomogramme (Bild 59). Aus den Funktionswerten erhält man die Leiterabstände.

Für Gleichung (38) (Bild 59 oben) ergibt sich

$$\frac{p_1}{q_1} = \frac{f(h)}{f(b)} \; ;$$

$$\frac{p_1}{q_1} = \frac{\lg 2 \ldots \lg 20}{\lg 2 \ldots \lg 20} = \frac{0{,}301 \ldots 1{,}301}{0{,}301 \ldots 1{,}301} = \frac{1 \text{ Dekade}}{1 \text{ Dekade}} = \frac{1}{1}$$

Für Gleichung (39) (Bild 59 Mitte) ergibt sich

$$\frac{p_2}{q_2} = \frac{f(h)}{f(b)} \; ;$$

$$\frac{p_2}{q_2} = \frac{2 \, (\lg 2 \ldots \lg 20)}{\lg 2 \ldots \lg 20} = \frac{2 \text{ Dekaden}}{1 \text{ Dekade}} = \frac{2}{1}$$

Für Gleichung (40) (Bild 59 unten) ergibt sich

$$\frac{p_3}{q_3} = \frac{f(h)}{f(b)} \; ;$$

$$\frac{p_3}{q_3} = \frac{3 \, (\lg 2 \ldots \lg 20)}{\lg 2 \ldots \lg 20} = \frac{3 \text{ Dekaden}}{1 \text{ Dekade}} = \frac{3}{1}$$

Die Bezifferung erfolgt nach den Eingangswerten. Es ergibt sich für b und h für alle drei Nomogramme

$$\lg b = \lg h = \lg 2 \ldots \lg 20 = 1 \text{ Dekade}$$

Für A wird $\lg A = \lg (b\,h)$;

$$\lg A = \lg 4 \ldots \lg 400 = 2 \text{ Dekaden}$$

Für W wird $\lg W = \lg \dfrac{b\,h^2}{6}$;

$$\lg W = \lg 1{,}33 \ldots \lg 1333 = 3 \text{ Dekaden}$$

Für J wird $\lg J = \lg \dfrac{b\,h^3}{12}$;

$$\lg J = \lg 1{,}33 \ldots \lg 13\,333 = 4 \text{ Dekaden}$$

Man sieht, daß für alle drei Nomogramme die Bezifferung der b- und der h-Leiter dieselbe ist, d. h. man kann für alle drei Gleichungen dieselben Außenleitern benutzen und erhält so ein Nomogramm mit 5 Leitern. Lediglich die Abstände der A-, W- und J-Leiter sind von den Außenleitern verschieden, denn es ist $\dfrac{p_1}{q_1} = \dfrac{1}{1}$, $\dfrac{p_2}{q_2} = \dfrac{2}{1}$ und $\dfrac{p_3}{q_3} = \dfrac{3}{1}$. Die gemeinsame Anordnung zeigt Bild 60.

Wählt man den Abstand der Außenleitern b und h zu 120 mm, so wird der Abstand von b nach $A = 60$ mm und von A nach $h = 60$ mm, von b nach $W = 80$ mm und von W nach $h = 40$ mm, von b nach $J = 90$ mm und von J nach $h = 30$ mm.

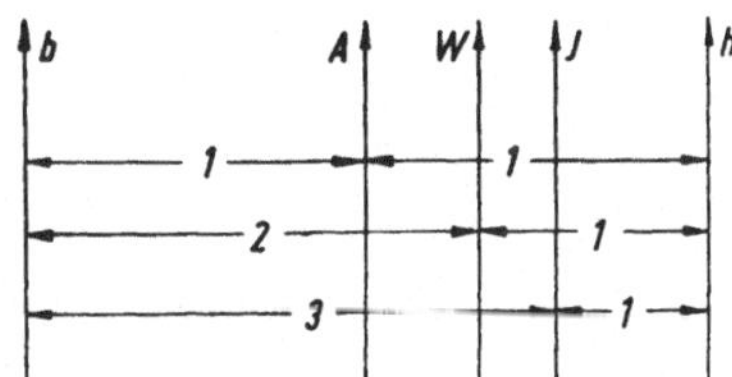

Bild 60
Teilnomogramme zusammengesetzt

Mit der Nomogrammhöhe von 120 mm liegen auch die Längen der Dekaden fest: $b = 1$ Dekade zu 120 mm, $h = 1$ Dekade zu 120 mm, $A = 2$ Dekaden zu je 60 mm, $W = 3$ Dekaden zu je 40 mm und $J = 4$ Dekaden zu je 30 mm.

Damit kann das Nomogramm (Bild 61) gezeichnet werden.

$$A = b \cdot h \qquad W = \frac{b \cdot h^2}{6} \qquad J = \frac{b \cdot h^3}{12}$$

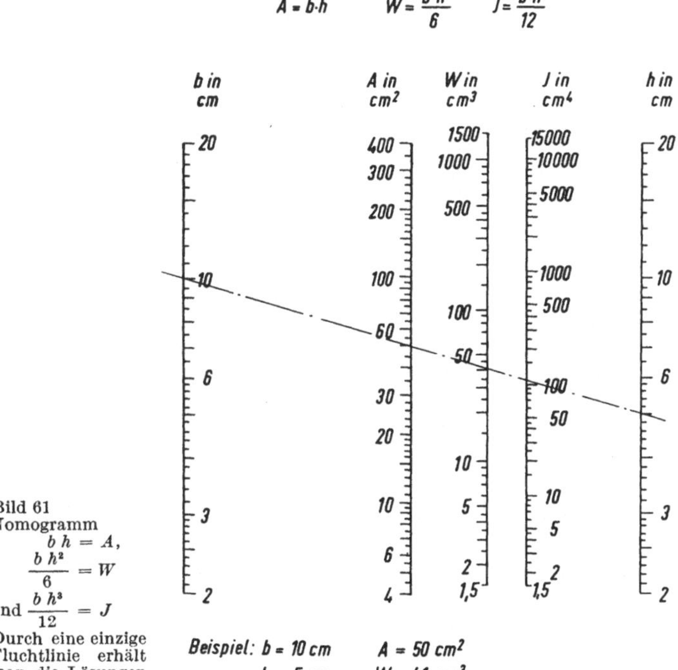

Bild 61
Nomogramm
$$b\,h = A,$$
$$\frac{b\,h^2}{6} = W$$
und $\dfrac{b\,h^3}{12} = J$

Durch eine einzige Fluchtlinie erhält man die Lösungen aller drei Gleichungen

C. Z-Tafel

Bild 62 zeigt die Anordnung der Leitern für eine sogenannte *Z-Tafel*. Das System besteht aus zwei parallelen, entgegengesetzt gerichteten Strahlen 1 und 2, durch deren Anfangspunkte 0_1 und 0_2 ein dritter Strahl 3 in Richtung $0_1 - 0_2$ gelegt ist. Die Länge der Strecke auf dem 3. Strahl, die durch die Punkte 0_1 und 0_2 begrenzt ist, sei l. Eine beliebige Gerade g, eine Fluchtlinie, schneide die drei Strahlen in den Punkten A, B und C. Man erhält dadurch die Abschnitte a, b und c (Bild 62).

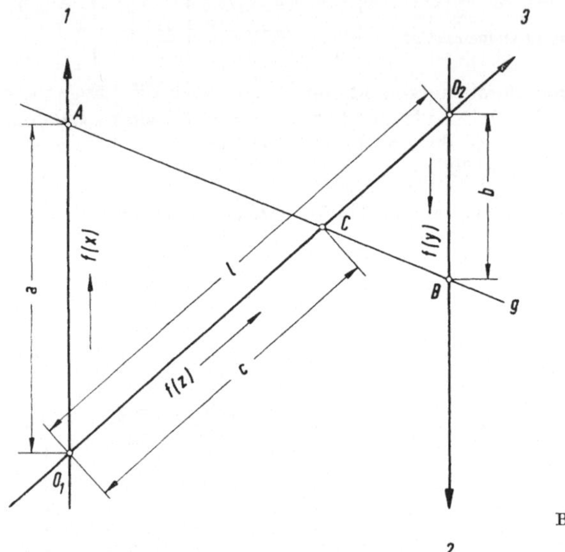

Bild 62. Z-Tafel

Es bestehen nun folgende geometrische Zusammenhänge:

Die beiden Dreiecke $A0_1C$ und $B0_2C$ sind ähnlich. Somit verhält sich

$$\frac{a}{b} = \frac{c}{l-c} \tag{41}$$

Es ist dies die Schlüsselgleichung dieses Nomogrammtyps. Wegen der Ähnlichkeit der Achsenanordnung mit dem Buchstaben Z wird dieses Nomogramm auch Z-Tafel genannt.

Den Strahlen 1, 2 und 3 seien nun wiederum die Funktionen dreier Veränderlicher x, y und z zugeordnet. Der Schlüsselgleichung (41) entspricht dann die Funktionsgleichung

$$\frac{f(x)}{f(y)} = f(z) \tag{42}$$

mit $f(x) = a$, $f(y) = b$ und $f(z) = \dfrac{c}{l-c}$.

Multipliziert man die Gleichung (42) mit den Maßstäben m_x, m_y und m_z, so erhält man:

$$\frac{m_x f(x)}{m_y f(y)} = m_z f(z) \qquad (43)$$

mit
$$m_z = \frac{m_x}{m_y} \qquad (44)$$

d. h. man multipliziert beide Seiten der Gleichung (42) mit $\frac{m_x}{m_y}$.

Setzt man die entsprechenden Glieder der Gleichung (41) und (42) einander gleich, so erhält man:

$$a = m_x f(x) \qquad (45)$$
$$b = m_y f(y) \qquad (46)$$

und
$$\frac{c}{l-c} = m_z f(z)$$

bzw.
$$c = l\, m_z f(z) - c\, m_z f(z)$$
$$c + c\, m_z f(z) = l\, m_z f(z)$$
$$c\,(1 + m_z f(z)) = l\, m_z f(z)$$
$$c = \frac{l\, m_z f(z)}{1 + m_z f(z)}$$

$$c = \frac{l\, f(z)}{\dfrac{1}{m_z} + f(z)}$$

$$c = \frac{l\, f(z)}{\dfrac{m_y}{m_x} + f(z)}\,. \qquad (47)$$

Zusammenfassung:

Nomogrammtyp: Z-Tafel

Funktionsgleichung: $\dfrac{f(x)}{f(y)} = f(z)$

Schlüsselgleichung: $\dfrac{a}{b} = \dfrac{c}{l-c}$

Maßstäbe: m_x, m_y

Koordinaten: $a = m_x f(x)$
$$b = m_y f(y)$$
$$c = \frac{l\, f(z)}{\dfrac{m_y}{m_x} + f(z)}\,.$$

Aus den Koordinaten $a = m_x\,f(x)$ und $b = m_y\,f(y)$ sieht man, daß zur Darstellung eines Quotienten bei der Z-Tafel die beiden parallelen Leitern linear geteilt sind. Ferner können die Maßstäbe für die beiden parallelen Leitern untereinander verschieden sein. Der Abstand der beiden parallelen Achsen ist frei wählbar. In der Z-Tafel läßt sich im Gegensatz zur Summentafel für ein Produkt auch der Faktor 0 erfassen.

Beispiel: Die Gleichung $I = U/R$ ist in einer Z-Tafel darzustellen. Vergleiche hierzu das Beispiel auf S. 31. Die Bereiche seien $U = 0 \dots 20$ V und $R = 0 \dots 10\ \Omega$.

Lösung: Die Skizze Bild 63 zeigt den Aufbau der Tafel. Es wird $I_{\min} = 0$ V$/10\ \Omega = 0$ A und $I_{\max} = 20$ V$/0\ \Omega = \infty$ A.

Im Gegensatz zur Summentafel ist es wegen der besseren mathematischen Behandlung angebracht, die Bereiche der beiden parallelen Leitern immer mit 0 zu beginnen.

Die Leiter, die den Quotienten darstellt, umfaßt dann naturgemäß immer den Zahlenbereich von $0 \dots \infty$. Es läßt sich jedoch ohne die Nullpunkte arbeiten. Man erhält dann innerhalb der Darstellung keine Schnittpunkte der drei Leitern, sie liegen vielmehr außerhalb der Darstellung.

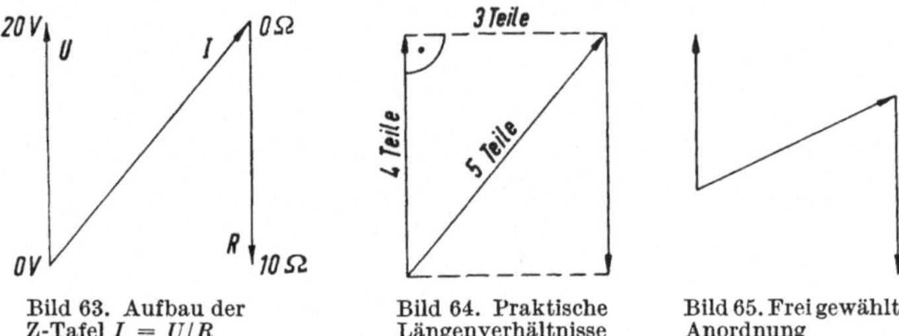

Bild 63. Aufbau der   Bild 64. Praktische   Bild 65. Frei gewählte
Z-Tafel $I = U/R$ Längenverhältnisse   Anordnung

Die Wahl der Leiterlängen und des Abstandes der parallelen Leitern voneinander ist auch hier nur von der Größe der Darstellung abhängig. Durch Wahl folgender Proportionen erhält man jedoch praktische Maße für die Darstellung:

Man wählt die beiden parallelen Leitern als die langen Seiten eines Rechtecks. Der Abstand der beiden Leitern entspricht dann den kürzeren Seiten des Rechtecks und die dritte Leiter der Diagonalen des Rechtecks. Man nennt diese Leiter deshalb auch *Diagonalleiter*. Das Verhältnis der Rechteckseiten wählt man 4 Teile : 3 Teile, dann wird die Diagonale 5 Teile (siehe Bild 64). So ergibt sich z. B. Außenleiter : Abstand : Diagonalleiter $= 60 : 80 : 100$ mm   oder $90 : 120 : 150$ mm. Es sei jedoch darauf hingewiesen, daß diese Darstellungsweise nicht eingehalten werden muß. Die beiden parallelen Leitern brauchen nicht gleich lang zu sein, ebenso braucht die Diagonalleiter nicht Diagonale eines Rechtecks zu sein. Es kann z. B. eine Darstellung nach Bild 65 gewählt werden.

Für unser Beispiel seien die Leiterlängen nach Bild 66 gewählt. Die Außenleitern seien 100 mm lang, der Abstand betrage 75 mm und die Diagonalleiter sei 125 mm lang, also Rechteckdiagonale. Für die linear geteilten Achsen, die Außenleitern, erhält man die Maßstäbe

$$m_U = 100 \text{ mm}/20 \text{ V} = 5 \text{ mm/V und}$$

$$m_R = 100 \text{ mm}/10 \ \Omega = 10 \text{ mm}/\Omega$$

Die Teilpunkte der I-Leiter, der Diagonalleiter, müssen entweder einzeln berechnet werden, oder man muß sie einzeln konstruieren.

Konstruktion der Teilpunkte für die Diagonalleiter

In Bild 67 ist die Konstruktion der Teilpunkte für die Diagonalleiter durchgeführt. Mit den Maßstäben $m_U = 5$ mm/V und $m_R = 10$ mm/Ω können die parallelen Leitern gezeichnet werden. Zur Bestimmung der Teilstriche auf der I-Leiter sucht man für den gewünschten Teilstrich, z. B. für $I = 4$ A, je einen, die Gleichung $I = U/R = 4$ A befriedigenden U- und R-Wert, z. B. $U = 20$ V und $R = 5 \ \Omega$, und zieht eine Fluchtlinie durch diese beiden Werte. Der Schnittpunkt dieser Linie mit der I-Leiter ist dann der gesuchte Teilpunkt für $I = 4$ A. Es ist $I = 20$ V$/5 \ \Omega = 4$ A. Es können auch andere, die Gleichung $I = U/R = 4$ A befriedigende Werte, z. B. $U =\!\!= 10$ V und $R = 2{,}5 \ \Omega$, zur Ermittlung des Punktes $I = 4$ A verwendet werden.

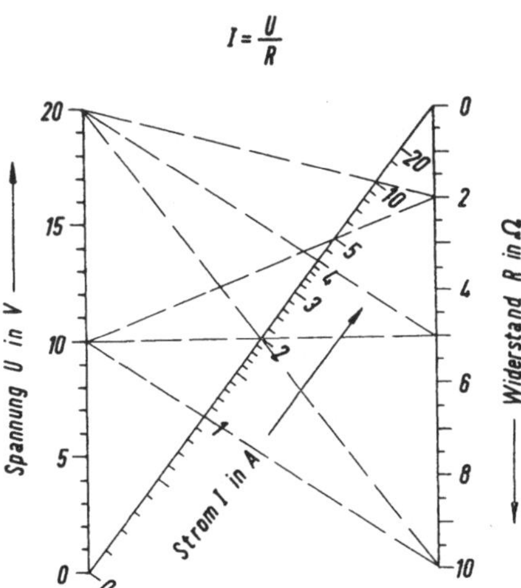

Bild 67. Nomogramm $I = U/R$

Auf diese Weise erhält man für $U = 0 \ldots 20\,\text{V}$ und $R = 10\,\Omega$ die Teilstriche für $I = 0 \ldots 2\,\text{A}$, für $U = 10 \ldots 20\,\text{V}$ und $R = 5\,\Omega$ die Teilstriche für $I = 2 \ldots 4\,\text{A}$, für $U = 10 \ldots 20\,\text{V}$ und $R = 2\,\Omega$ die Teilstriche für $I = 5 \ldots 10\,\text{A}$ und schließlich für $U = 15$ und $20\,\text{V}$ und $R = 1\,\Omega$ die Teilstriche für $I = 15$ und $20\,\text{A}$.

Berechnung der Teilpunkte für die Diagonalleiter

Im folgenden sollen die Teilpunkte für die Diagonalleiter (Bild 67) berechnet werden.

Es ist vorteilhaft, einige Hauptpunkte durch Zeichnung zu ermitteln, da vor der Berechnung der Charakter der Diagonalleiter nicht ohne weiteres zu übersehen ist. Nach Gleichung (47) ergibt sich

$$c = \frac{l f(I)}{\dfrac{m_R}{m_U} + f(I)}$$

Mit $l = 125\,\text{mm}$, $f(I) = I$ und $m_R/m_U = \dfrac{10}{5} = 2$ wird $c = \dfrac{125 \cdot I}{2 + I}$.

Die folgende Tabelle zeigt die berechneten Werte. Man gibt die gewünschten Werte für I vor und rechnet am besten die in der folgenden Tabelle angegebenen Spalten nacheinander durch.

I in A	$125 \cdot I$	$2 + I$	$c = \dfrac{125 \cdot I}{2 + I}$ in mm
0	0	2	0
0,5	62,5	2,5	25
1	125	3	41,7
1,5	187,5	3,5	53,5
2	250	4	62,5
2,5	312,5	4,5	69,4
3	375	5	75
4	500	6	83,3
5	625	7	89,3
10	1250	12	104,2
20	2500	22	113,7

Weitere Punkte können ebenso berechnet werden. Man kann auch die Abstände c der Teilpunkte vom Diagonalleiteranfangspunkt aus als Funktion der Eingangswerte I im rechtwinkligen Koordinatensystem aufzeichnen und die Zwischenwerte aus der so erhaltenen Kurve (Bild 68) entnehmen. Es ist von Fall zu Fall zu entscheiden, welche Methode die jeweils bessere ist.

Beispiel: Im rechtwinkligen Dreieck gilt die trigonometrische Funktion $\tan \alpha = \dfrac{a}{b}$. Die Bezeichnungen sind Bild 69 zu entnehmen. Es ist der Winkel α als Funktion von den Längen der beiden Katheten a und b nomographisch darzustellen. Die Bereiche für a und b seien $a = b = 0 \ldots 100$ mm.

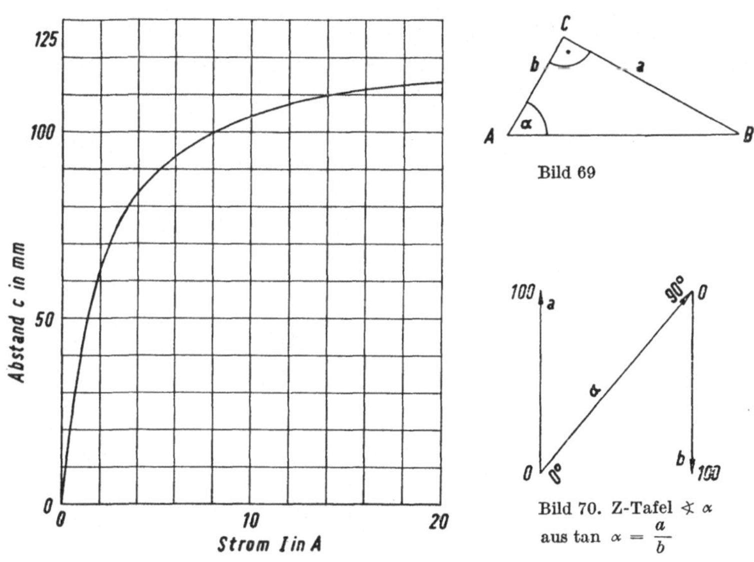

Bild 68. Abstand c als Funktion des Stromes I

Bild 70. Z-Tafel $\sphericalangle\ \alpha$ aus $\tan \alpha = \dfrac{a}{b}$

Lösung: Die Gleichung hat die Funktionsgleichung einer Z-Tafel (Bild 70). Es ist $f(a) = a$, $f(b) = b$ und $f(\alpha) = \tan \alpha$. Die Leitern für a und b sind also linear geteilt.

Es wird

$$\tan \alpha_{\min} = 0/100 = 0, \text{ somit } \alpha_{\min} = 0°$$

$$\tan \alpha_{\max} = 100/0 = \infty, \text{ somit } \alpha_{\max} = 90°$$

Die Diagonalleiter umfaßt also die Werte für $\alpha = 0° \ldots 90°$.

Die parallelen Leitern seien 100 mm lang und 75 mm voneinander entfernt. Die Diagonalleiter wird dann 125 mm lang. Somit werden die Maßstäbe $m_a = m_b = 100$ mm/100 mm $= 1$ mm/mm.

Die Ermittlung der Teilpunkte für die α-Werte geschieht am besten rechnerisch für die Werte 0, 10, 20, 30, 40, 50, 60, 70, 80 und 90°, und aus einer Darstellung der Teilstrichabstände c als Funktion dieser α-Werte im rechtwinkligen Koordinatensystem entnimmt man die Zwischenwerte. Nach Gleichung (47) ergibt sich für die Diagonalleiter:

$$c = \frac{l \cdot \tan \alpha}{1 + \tan \alpha} = \frac{125 \cdot \tan \alpha}{1 + \tan \alpha}$$

Für die verschiedenen Werte von α nimmt man die Funktion $\tan \alpha$ aus einer trigonometrischen Tabelle. Das Produkt $125 \cdot \tan \alpha$ und die Summe $1 + \tan \alpha$ und somit die Abstände c lassen sich leicht bestimmen. Die folgende Tabelle zeigt die so ermittelten Werte. In Bild 71 ist die Funktion $c = f(\alpha)$ im rechtwinkligen Koordinatensystem aufgezeichnet. Dabei sind die Punkte für die Hauptwerte durch gerade Linien miteinander verbunden. Man sieht daraus, daß eine lineare Unterteilung der Hauptwerte für α durchaus zulässig ist. Dies ist eine wesentliche Vereinfachung bei der Konstruktion der Teilstriche für die Diagonalleiter.

α in Grad	$\tan \alpha$	$125 \cdot \tan \alpha$	$1 + \tan \alpha$	$c = \dfrac{125 \cdot \tan \alpha}{1 + \tan \alpha}$ in mm
0	0,0000	0	1,0000	0
10	0,1763	22,05	1,1763	18,8
20	0,3640	45,5	1,3640	33,4
30	0,5774	72,1	1,5774	45,8
40	0,8391	104,8	1,8391	57,0
50	1,1918	149	2,1918	68,0
60	1,7321	216,5	2,7321	79,2
70	2,7475	343,5	3,7475	91,6
80	5,6713	708	6,6713	106,2
90	∞			125,0[1])

Bild 72 zeigt das Nomogramm $\sphericalangle\ \alpha$ aus $\tan \alpha = \dfrac{a}{b}$

---

[1]) Durch eine Grenzwertbetrachtung erhält man aus

$$c = \frac{125 \cdot \infty}{1 + \infty}$$

den Ausdruck

$$c = \frac{125}{\dfrac{1}{\infty} + \dfrac{\infty}{\infty}}$$

der übergeht in $\dfrac{125}{0 + 1} = 125$

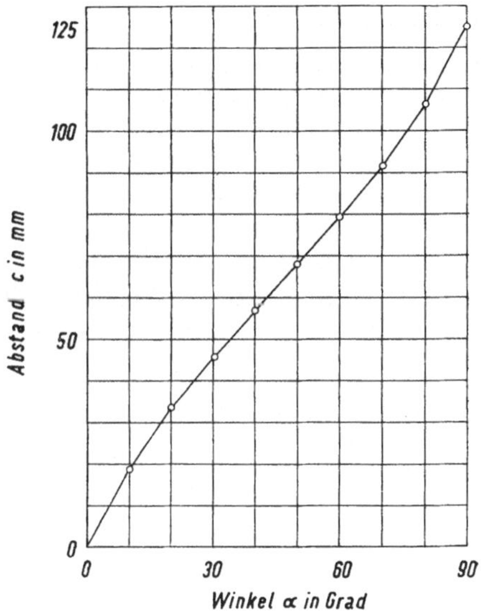

Bild 71
Abstand c als Funktion des Winkels α

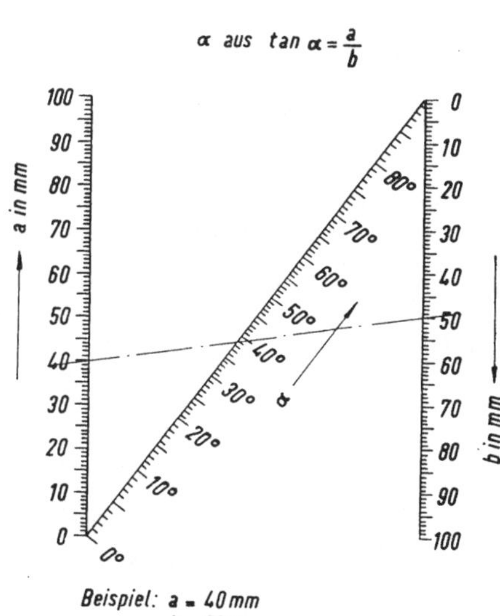

Bild 72. Winkel α aus $\tan \alpha = \dfrac{a}{b}$

D. Kehrwerttafel

1. Symmetrische Kehrwerttafel

Bild 73 zeigt den Aufbau einer sogenannten symmetrischen Kehrwerttafel. Ihr Aufbau ist symmetrisch, die Mittelleiter ist Symmetrielinie. Gegeben sind zwei sich schneidende Geraden 1 und 2 mit dem Schnittpunkt 0 und die Winkelhalbierende 3. Der Schnittwinkel sei α. Die drei Geraden 1, 2 und 3 können nun wiederum als Funktionsleitern ausgebildet werden. Eine beliebige, die Achsen 1, 2 und 3 schneidende gerade Linie g sei eine Fluchtlinie. Die Schnittpunkte seien A, B und C. Es lassen sich auch hier einfache charakteristische Gleichungen ableiten.

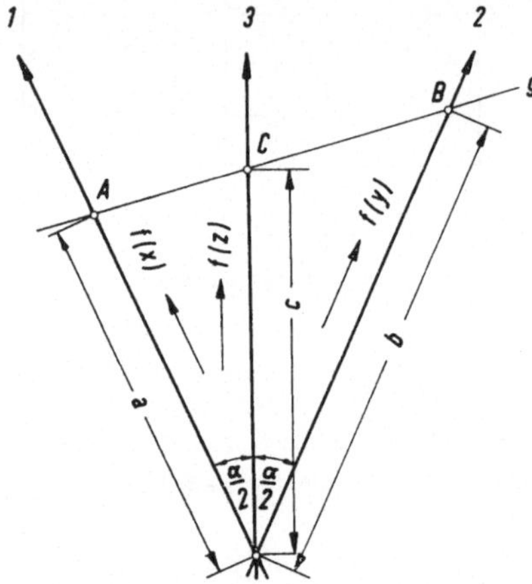

Bild 73. Symmetrische Kehrwerttafel

Die Flächen der beiden Dreiecke $0AC$ und $0BC$ zusammen sind gleich der Fläche des Dreiecks $0AB$. Es ist

$$A_{0AC} + A_{0BC} = A_{0AB} \tag{48}$$

Nun ist

$$A_{0AC} = \frac{1}{2}\, a\, c \cdot \sin\frac{\alpha}{2} \tag{49}$$

$$A_{0BC} = \frac{1}{2}\, b\, c \cdot \sin\frac{\alpha}{2} \text{ und} \tag{50}$$

$$A_{0AB} = \frac{1}{2}\, a\, b \cdot \sin\alpha \tag{51}$$

Mit der Beziehung

$$\sin\alpha = 2 \cdot \sin\frac{\alpha}{2} \cdot \cos\frac{\alpha}{2} \tag{52}$$

wird nach Gl. (51)

$$A_{0AB} = \frac{1}{2}\, a\, b \cdot 2\sin\frac{\alpha}{2}\cos\frac{\alpha}{2} \tag{53}$$

Nach Gleichung (48) wird dann

$$\frac{1}{2}\,a\,c\cdot\sin\frac{\alpha}{2}+\frac{1}{2}\,b\,c\cdot\sin\frac{\alpha}{2}=\frac{1}{2}\,a\,b\cdot 2\sin\frac{\alpha}{2}\cdot\cos\frac{\alpha}{2} \tag{54}$$

Dividiert man Gleichung (54) durch $\frac{1}{2}\sin\frac{\alpha}{2}$, so erhält man

$$a\,c+b\,c=2\,a\,b\cdot\cos\frac{\alpha}{2}. \tag{55}$$

Dividiert man Gleichung (55) durch das Produkt abc, so erhält man die Schlüsselgleichung

$$\frac{1}{a}+\frac{1}{b}=\frac{1}{c}\,2\cos\frac{\alpha}{2}. \tag{56}$$

Ordnet man den drei Strahlen 1, 2 und 3 die Veränderlichen x, y und z zu, so erhält man die Funktionsgleichung

$$\frac{1}{f(x)}+\frac{1}{f(y)}=\frac{1}{f(z)} \tag{57}$$

mit
$$f(x)=a, \tag{58}$$

$$f(y)=b \qquad \text{und} \tag{59}$$

$$f(z)=c\,\frac{1}{2\cdot\cos\dfrac{\alpha}{2}} \tag{60}$$

Es ist hierbei zu beachten, daß auf den Leitern die Funktionen $f(x)$, $f(y)$ und $f(z)$ aufgetragen werden und nicht die Kehrwerte $\dfrac{1}{f(x)}$, $\dfrac{1}{f(y)}$ und $\dfrac{1}{f(z)}$. Die Tafel selbst stellt jedoch die Summe der Kehrwerte der Funktionen dar und heißt deshalb auch *Kehrwerttafel*.

Durch Multiplikation der Funktionen der Veränderlichen mit einem Maßstab m bzw. der Gleichung (57) mit $1/m$ wird

$$\frac{1}{f(x)\,m}+\frac{1}{f(y)\,m}=\frac{1}{f(z)\,m} \tag{61}$$

Setzt man entsprechende Glieder der Gleichungen (56) und (61) einander gleich, so wird

$$a=m\,f(x), \tag{62}$$

$$b=m\,f(y)\ \text{und} \tag{63}$$

$$c\cdot\frac{1}{2\cdot\cos\dfrac{\alpha}{2}}=m\,f(z)\ \text{bzw.}\ c=2\cdot\cos\frac{\alpha}{2}\cdot m\,f(z). \tag{64}$$

Führt man den Funktionen entsprechende Maßstäbe m_x, m_y und m_z ein, so erhält man

$$a = m_x\, f(x), \tag{65}$$

$$b = m_y\, f(y) \text{ und} \tag{66}$$

$$c = m_z\, f(z) \tag{67}$$

mit
$$m_x = m_y = m \tag{68}$$

und
$$m_z = m \cdot 2 \cos \frac{\alpha}{2} \tag{69}$$

Zusammenfassung:

Nomogrammtyp: Symmetrische Kehrwerttafel

Funktionsgleichung: $\dfrac{1}{f(x)} + \dfrac{1}{f(y)} = \dfrac{1}{f(z)}$

Schlüsselgleichung: $\dfrac{1}{a} + \dfrac{1}{b} = \dfrac{1}{c} \cdot 2 \cos \dfrac{\alpha}{2}$

Maßstäbe: $m_x = m_y = \dfrac{m_z}{2 \cdot \cos \dfrac{\alpha}{2}}$

$$m_z = m_x \cdot 2 \cos \frac{\alpha}{2} = m_y \cdot 2 \cos \frac{\alpha}{2}$$

Koordinaten: $a = m_x\, f(x)$

$$b = m_y\, f(y)$$

$$c = m_z\, f(z)$$

Durch geeignete Wahl des Winkels α erhält man praktisch brauchbare Maße für den Entwurf einer Kehrwerttafel.

Für $\alpha = 44° 40'$ erhält man die Längenverhältnisse nach Bild 74. Nur mit Hilfe eines Millimetermaßstabes, also ohne Winkelmesser, kann auf diese Weise eine Kehrwerttafel entworfen werden.

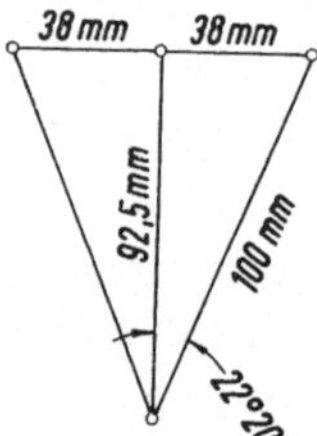

Bild 74. Praktische Längenverhältnisse

Beispiel: Bei der Parallelschaltung zweier elektrischer Widerstände R_1 und R_2 ergibt sich der Gesamtwiderstand R_{ges} aus der Beziehung

$$\frac{1}{R_1} + \frac{1}{R_2} = \frac{1}{R_{ges}} \text{ zu } R_{ges} = \frac{R_1 \cdot R_2}{R_1 + R_2}$$

Es ist eine Kehrwerttafel für die Bereiche $R_1 = R_2 = 0 \dots 20\ \Omega$ aufzustellen.

Lösung: Die Gleichung $\dfrac{1}{R_1} + \dfrac{1}{R_2} = \dfrac{1}{R_{ges}}$ entspricht der Funktionsgleichung (57) einer Kehrwerttafel mit $f(x) = R_1$, $f(y) = R_2$ und $f(z) = R_{ges}$. Die Funktionsleitern sind also linear geteilt.

Der Bereich für R_{ges} wird dann mit dem Kleinstwert von $R_{ges} = 0\ \Omega$ und mit dem Größtwert von $R_{ges} = \dfrac{20 \cdot 20}{20 + 20} = 10\ \Omega$ gleich $0 \dots 10\ \Omega$.

Bild 75 zeigt den Aufbau des Nomogramms. Die Länge der beiden äußeren Leitern sei 100 mm. Somit werden die Maßstäbe $m_{R1} = m_{R2} = 100\ \text{mm}/20\ \Omega = 5\ \text{mm}/\Omega$. Der gesamte Winkel sei $\alpha = 44°\ 40'$, also $\dfrac{\alpha}{2} = 22°\ 20'$. Somit wird $m_{Rges} = m_{R1} \cdot 2 \cdot \cos\dfrac{\alpha}{2}$

$$m_{Rges} = 5\ \frac{\text{mm}}{\Omega} \cdot 2 \cdot \cos 22°\ 20' = 5\ \frac{\text{mm}}{\Omega} \cdot 2 \cdot 0{,}925 = 9{,}25\ \text{mm}/\Omega.$$

Die in Bild 74 angegebene Leiterlänge der Mittelleiter ergibt sich auf dieselbe Weise zu $100\ \text{mm} \cdot \cos 22°\ 20' = 92{,}5\ \text{mm}$. Daraus ergibt sich wiederum $m_{Rges} = 92{,}5\ \text{mm}/10\ \Omega = 9{,}25\ \text{mm}/\Omega$. Somit kann das Nomogramm (Bild 76) gezeichnet werden.

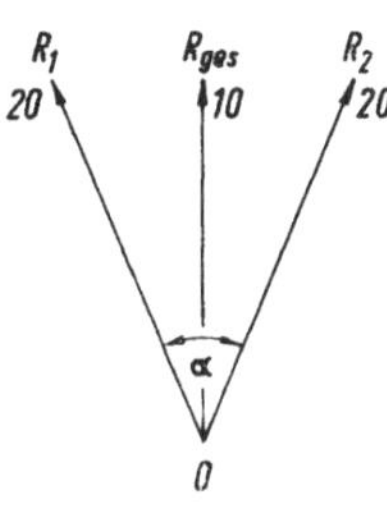

Bild 75. Aufbau
der Kehrwerttafel

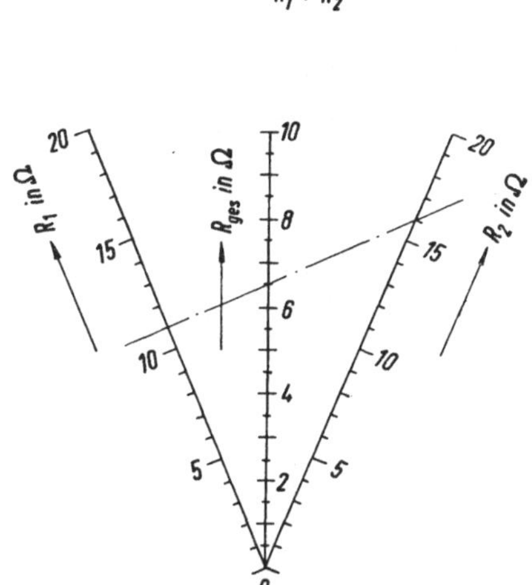

Bild 76. Nomogramm $R_{ges} = \dfrac{R_1\,R_2}{R_1 + R_2}$

Beispiel: $R_1 = 11\ \Omega$
$R_2 = 16\ \Omega$
$R_{ges} = 6{,}5\ \Omega$

Beispiel: Bild 77 zeigt ein rechtwinkliges Dreieck mit den Katheten a und b und der Höhe h. Es gilt die Beziehung

$$h = \frac{a\,b}{\sqrt{a^2 + b^2}}$$

Für die Bereiche $a = b = 0 \dots 5$ cm soll ein Nomogramm entworfen werden.

Lösung: Es muß für die gegebene Gleichung eine Form gefunden werden, die einer Funktionsgleichung eines Nomogrammtyps entspricht.

An dieser Stelle sei darauf hingewiesen, daß nicht in allen Fällen, für die ein Nomogramm entworfen werden soll, eine geeignete Funktionsgleichung zu finden ist. Für solche Funktionen ist dann eine nomographische Darstellung nicht möglich.

Für die Gleichung $h = \dfrac{a\,b}{\sqrt{a^2 + b^2}}$ erhält man durch Umformen die Gleichung $\dfrac{1}{h^2} = \dfrac{1}{a^2} + \dfrac{1}{b^2}$, die der Funktionsgleichung einer Kehrwerttafel entspricht. Die Leitern erhalten hierbei eine quadratische Teilung, denn es entspricht $a^2 = f(x)$, $b^2 = f(y)$ und $h^2 = f(z)$. Bild 78 zeigt den Aufbau der Tafel. Das Nomogramm wird mit den Funktionswerten h^2, a^2 und b^2 entworfen. Für $a = b = 5$ cm wird $a^2 = b^2 = 25$ cm² bzw. 25 Intervalle.

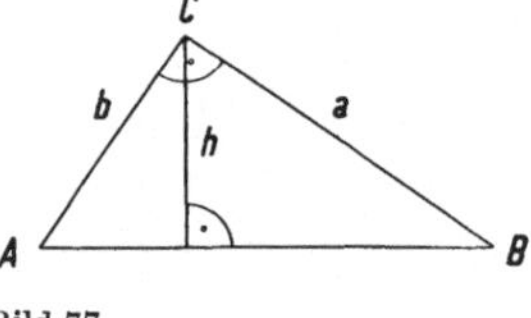

Bild 77

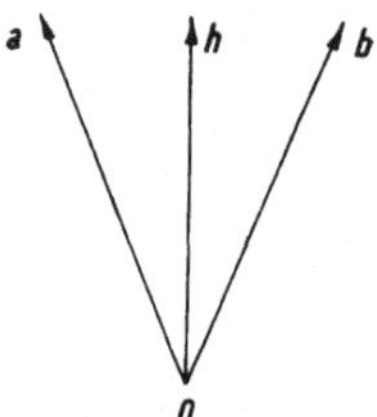

Bild 78. Aufbau der Tafel

Somit wird $h^2 = \dfrac{a^2\,b^2}{a^2 + b^2} = \dfrac{25 \cdot 25}{25 + 25} = 12{,}5$ cm² bzw. 12,5 Intervalle.

Daraus wird $h_{\max} = \sqrt{12{,}5 \text{ cm}^2} = 3{,}54$ cm. Die Bezifferung der Leitern erfolgt nach den Eingangsgrößen a, b und h für $a = b = 0 \dots 5$ cm und $h = 0 \dots 3{,}54$ cm. Wählt man die beiden Außenleitern 125 mm lang, so wird nach Bild 74 die Mittelleiter 92,5 mm · 1,25 = 115,6 mm lang. Die Maßstäbe werden somit $m_a = m_b = 125$ mm/25 Intervalle = 5 mm/Intervall und $m_h = 115{,}6$ mm/12,5 Intervalle = 9,25 mm/Intervall. Die folgende Tabelle gibt die analytisch berechneten Koordinaten der Leitern an.

a, b, h in cm	a^2, b^2, h^2 in cm²	$a^2 m_a = b^2 m_b$ in mm	$h^2 m_h$ in mm
0	0	0	0
0,5	0,25	1,25	2,31
1	1	5	9,25
1,5	2,25	11,25	20,8
2	4	20	37
2,5	6,25	31,25	57,8
3	9	45	83,3
3,5	12,25	61,25	113,2
4	16	80	—
4,5	20,25	101,25	—
5	25	125	—

Bild 79 zeigt das Nomogramm. Man sieht, daß die Teilung der Skalen viel zu grob ist. Durch Berechnung weiterer Werte erhält man eine feinere Teilung und somit eine viel genauere Ablesemöglichkeit. In der folgenden Tabelle ist die Berechnung für eine feinere Einteilung durchgeführt. Das Nomogramm (Bild 80) ist mit dieser Einteilung versehen.

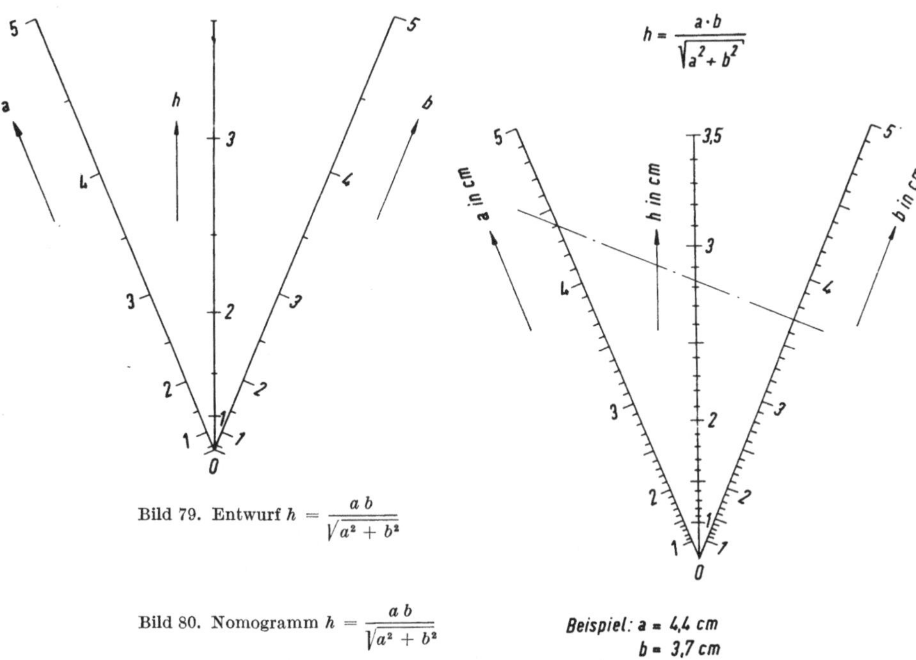

Bild 79. Entwurf $h = \dfrac{a\,b}{\sqrt{a^2 + b^2}}$

Bild 80. Nomogramm $h = \dfrac{a\,b}{\sqrt{a^2 + b^2}}$

a, b, h in cm	a^2, b^2, h^2 in cm²	$a^2 m_a = b^2 m_b$ in mm	$h^2 m_h$ in mm
0	0	0	0
0,5	0,25	—	2,31
0,6	0,36	—	3,33
0,7	0,49	—	4,54
0,8	0,64	—	5,92
0,9	0,81	—	7,5
1	1	5	9,25
1,1	1,21	6,05	11,2
1,2	1,44	7,2	13,3
1,3	1,69	8,45	15,6
1,4	1,96	9,8	18,1
1,5	2,25	11,25	20,8
1,6	2,56	12,8	23,7
1,7	2,89	14,45	26,7
1,8	3,24	16,2	30
1,9	3,61	18,05	33,4
2	4	20	37
2,1	4,41	22,05	40,8
2,2	4,84	24,2	44,8
2,3	5,29	26,45	48,8
2,4	5,76	28,8	53,3
2,5	6,25	31,25	57,8
2,6	6,76	33,8	62,5
2,7	7,29	36,45	67,4
2,8	7,84	39,2	72,5
2,9	8,41	42,05	77,8
3	9	45	83,3
3,1	9,61	48,05	89
3,2	10,24	51,2	94,8
3,3	10,89	54,9	100,7
3,4	11,56	57,8	106,9
3,5	12,25	61,2	113,2
3,6	12,96	64,8	—
3,7	13,69	68,4	—
3,8	14,44	72,2	—
3,9	15,21	76,1	—
4	16	80	—
4,1	16,81	84,1	—
4,2	17,64	88,2	—
4,3	18,49	92,4	—
4,4	19,36	96,7	—
4,5	20,25	101,2	—
4,6	21,16	105,8	—
4,7	22,09	110,5	—
4,8	23,04	115,2	—
4,9	24,01	120	—
5	25	125	—

2. Unsymmetrische Kehrwerttafel

Bild 81 zeigt den Aufbau einer unsymmetrischen Kehrwerttafel, der dem einer symmetrischen Tafel ähnelt. Der Strahl 3 teilt jedoch den Schnittwinkel der beiden Strahlen 1 und 2 nicht in gleiche Teile. Die Winkelaufteilung sei vielmehr α und β. Die Fläche des gesamten Dreiecks OAB ist wieder die Summe der Flächen der beiden Teildreiecke OAC und OBC. Es ist also

$$\frac{1}{2} ab \cdot \sin(\alpha + \beta) = \frac{1}{2} bc \cdot \sin\beta + \frac{1}{2} ac \cdot \sin\alpha \qquad (70)$$

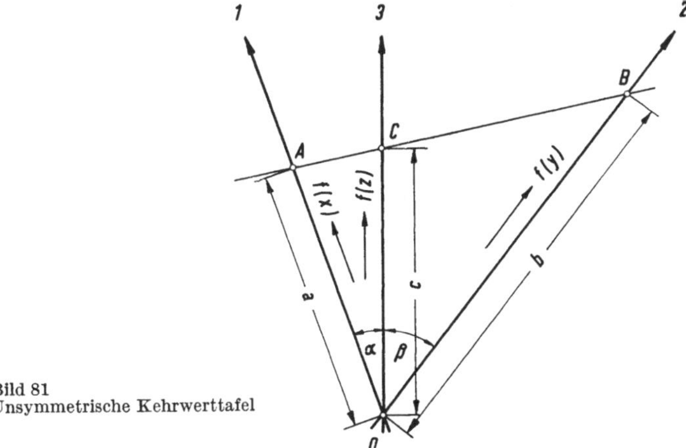

Bild 81
Unsymmetrische Kehrwerttafel

Multipliziert man die Gleichung (70) mit dem Faktor 2 und dividiert durch das Produkt abc, so erhält man die Schlüsselgleichung

$$\frac{\sin(\alpha + \beta)}{c} = \frac{\sin\beta}{a} + \frac{\sin\alpha}{b} \qquad (71)$$

Ordnet man den drei Strahlen 1, 2 und 3 die Funktionen $f(x)$, $f(y)$ und $f(z)$ zu, so erhält man die Funktionsgleichung

$$\frac{1}{f(x)} + \frac{1}{f(y)} = \frac{1}{f(z)} \qquad (72)$$

mit

$$f(x) = \frac{a}{\sin\beta} \qquad (73)$$

$$f(y) = \frac{b}{\sin\alpha} \qquad \text{und} \qquad (74)$$

$$f(z) = \frac{c}{\sin(\alpha + \beta)} \qquad (75)$$

Multipliziert man die Funktionen mit einem Maßstab m, bzw. die Gleichung (72) mit $1/m$, so erhält man

$$\frac{1}{f(x)\,m} + \frac{1}{f(y)\,m} = \frac{1}{f(z)\,m} \tag{76}$$

Setzt man nun entsprechende Glieder der Gleichungen (71) und (76) einander gleich, so wird

$$f(x)\,m = \frac{a}{\sin\beta} \qquad \text{bzw. } a = f(x)\,m \cdot \sin\beta \tag{77}$$

$$f(y)\,m = \frac{b}{\sin\alpha} \qquad \text{bzw. } b = f(y)\,m \cdot \sin\alpha \qquad \text{und} \tag{78}$$

$$f(z)\,m = \frac{c}{\sin(\alpha+\beta)} \quad \text{bzw. } c = f(z)\,m \cdot \sin(\alpha+\beta) \tag{79}$$

Führt man den Funktionen entsprechende Achsenmaßstäbe ein, so wird

$$m_x = m \cdot \sin\beta \tag{80}$$

$$m_y = m \cdot \sin\alpha \qquad \text{und} \tag{81}$$

$$m_z = m \cdot \sin(\alpha+\beta) \tag{82}$$

Zusammenfassung:

Nomogrammtyp: Unsymmetrische Kehrwerttafel

Funktionsgleichung: $\quad \dfrac{1}{f(x)} + \dfrac{1}{f(y)} = \dfrac{1}{f(z)}$

Schlüsselgleichung: $\quad \dfrac{1}{a} \cdot \sin\beta + \dfrac{1}{b} \cdot \sin\alpha = \dfrac{1}{c} \cdot \sin(\alpha+\beta)$

Maßstäbe: $\quad m_x = m_y \cdot \dfrac{\sin\beta}{\sin\alpha} = m_z \cdot \dfrac{\sin\beta}{\sin(\alpha+\beta)}$

$\qquad\qquad\quad m_y = m_x \cdot \dfrac{\sin\alpha}{\sin\beta} = m_z \cdot \dfrac{\sin\alpha}{\sin(\alpha+\beta)}$

$\qquad\qquad\quad m_z = m_x \cdot \dfrac{\sin(\alpha+\beta)}{\sin\beta} = m_y \cdot \dfrac{\sin(\alpha+\beta)}{\sin\alpha}$

Koordinaten: $\quad a = f(x)\,m_x$

$\qquad\qquad\quad b = f(y)\,m_y$

$\qquad\qquad\quad c = f(z)\,m_z$

Beispiel: Die Gleichung $\dfrac{1}{a} + \dfrac{1}{b} = \dfrac{1}{c}$ soll für die Bereiche $a = 0 \ldots 120$ und $b = 0 \ldots 60$ als Nomogramm dargestellt werden. Für c ergibt sich dafür der Bereich von $0 \ldots 40$. Die Außenleitern sollen gleich lang, und zwar 120 mm, werden.

Lösung: Diejenige Außenleiter, die den größeren Winkel mit der Mittelleiter bildet, umfaßt den größeren Bereich. Bild 82 zeigt den Tafelaufbau.

Nach den Gleichungen (77) und (78) muß für gleich lange Außenleitern $f(x)\,m \cdot \sin\beta = f(y)\,m \cdot \sin\alpha$ sein. Daraus folgt $a\,m \cdot \sin\beta = b\,m \sin\alpha$; oder es ist $a \cdot \sin\beta = b \cdot \sin\alpha$, bzw.

$$\frac{a}{b} = \frac{\sin\alpha}{\sin\beta}\,;\ \frac{a}{b} = \frac{120\ \text{Einheiten}}{60\ \text{Einheiten}}$$

Der gesamte Winkel $\alpha + \beta$ soll wegen der Anschaulichkeit der Darstellung 40 ... 60° betragen. So erhält man z. B. ein Verhältnis:

$$\frac{\sin\alpha}{\sin\beta} = \frac{120}{60} = \frac{0,5}{0,25} = \frac{\sin 30°}{\sin 14,5°}$$

Die Maßstäbe werden

$$m_a = 120\ \text{mm}/120\ \text{Einheiten} = 1\ \text{mm/Einheit}$$

$$m_b = 120\ \text{mm}/\ 60\ \text{Einheiten} = 2\ \text{mm/Einheit} \qquad \text{und}$$

$$m_c = m_a \cdot \frac{\sin(\alpha+\beta)}{\sin\beta}\quad m_c = 1\,\frac{\text{mm}}{\text{Einheit}} \cdot \frac{\sin 44,5°}{\sin 14,5°} = 1\,\frac{\text{mm}}{\text{Einheit}} \cdot \frac{0,701}{0,250}$$

$$m_c = 2,8\ \text{mm/Einheit}$$

Die Mittelleiter wird dann 40 Einheiten · 2,8 mm/ Einheit = 112 mm lang. Bild 83 zeigt das Nomogramm.

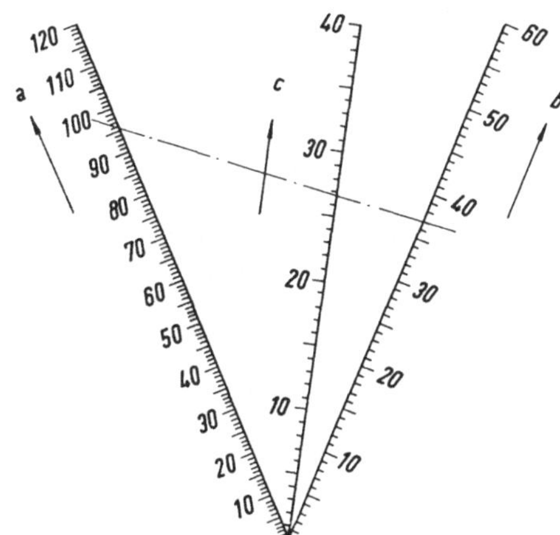

$$\frac{1}{a} + \frac{1}{b} = \frac{1}{c}$$

Bild 82. Aufbau der Tafel

Bild 83. Nomogramm $\dfrac{1}{a} + \dfrac{1}{b} = \dfrac{1}{c}$ *Beispiel:* a = 96
                                                        b = 37
                                                        c = 26,7

IV. Allgemeine Schlüsselgleichung eines Nomogramms mit drei Veränderlichen

Bild 84 zeigt eine allgemeine Darstellung eines Nomogramms mit drei Veränderlichen. Drei beliebig verlaufende Skalenträger 1, 2 und 3 für die Veränderlichen u, v und w sind im rechtwinkligen Koordinatensystem mit den beiden Achsen x und y dargestellt. Eine Fluchtlinie schneidet die drei Leitern in den Punkten A, B und C. Durch Einzeichnen der Koordinaten x_1; y_1, x_2; y_2 und x_3; y_3 dieser Punkte erhält man die beiden ähnlichen Dreiecke ACE und CBD.

Es ist nun

$$BD = y_2 - y_3 \qquad CE = y_3 - y_1$$
$$DC = x_2 - x_3 \quad \text{und} \quad EA = x_3 - x_1.$$

Es verhält sich

$$\frac{BD}{DC} = \frac{CE}{EA}$$

also

$$\frac{y_2 - y_3}{x_2 - x_3} = \frac{y_3 - y_1}{x_3 - x_1} . \tag{83}$$

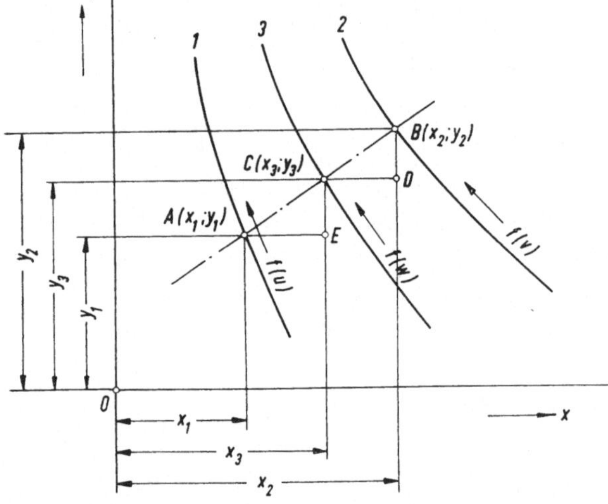

Bild 84
Allgemeine Darstellung
eines Nomogramms

Durch Umformen erhält man:

$$(y_2 - y_3)(x_3 - x_1) = (y_3 - y_1)(x_2 - x_3)$$
$$y_2 x_3 - y_3 x_3 - y_2 x_1 + y_3 x_1 = y_3 x_2 - y_1 x_2 - y_3 x_3 + y_1 x_3$$
$$y_1 x_2 - y_1 x_3 + y_2 x_3 - y_2 x_1 + y_3 x_1 - y_3 x_2 = 0$$
$$y_1(x_2 - x_3) + y_2(x_3 - x_1) + y_3(x_1 - x_2) = 0 \tag{84}$$

Dies ist die allgemeine Form der Schlüsselgleichung für Nomogramme mit drei Leitern.

Für verschiedene Nomogrammtypen können nun Sonderbedingungen bezüglich der Lage der Achsen im rechtwinkligen Koordinatensystem aufgestellt und in die allgemeine Schlüsselgleichung eingesetzt werden. Es entstehen dann für die jeweiligen Nomogrammtypen die charakteristischen Gleichungen, wie sie auf eine andere Art in den vorhergehenden Abschnitten hergeleitet wurden.

Die Schlüsselgleichung (84) stellt in der analytischen Geometrie den doppelten Flächeninhalt eines Dreiecks mit den drei Punkten $A\,(x_1;\,y_1)$, $B\,(x_2;\,y_2)$ und $C\,(x_3;\,y_3)$ dar. Dieser Flächeninhalt kann nur 0 sein, wenn diese drei Punkte auf einer Geraden liegen. Diese Gerade hat im Sinne der Nomographie die Bedeutung der Fluchtlinie.

Beispiel: Aus der allgemeinen Schlüsselgleichung (84) soll für das Nomogramm mit drei parallelen Leitern die Schlüsselgleichung abgeleitet werden.

Lösung: Die drei Leitern 1, 2 und 3 werden als senkrechte Geraden im rechtwinkligen Koordinatensystem nach Bild 85 dargestellt. Die zu verziffernden Funktionen seien $f(u)$, $f(v)$ und $f(w)$ mit den Koordinaten y_1, y_2 und y_3. Die Leiterabstände seien $p = x_3$ und $p + q = x_2$. Nach Bild 85 gelten nun die Sonderbedingungen $x_1 = 0$, $x_2 = p + q$ und $x_3 = p$.

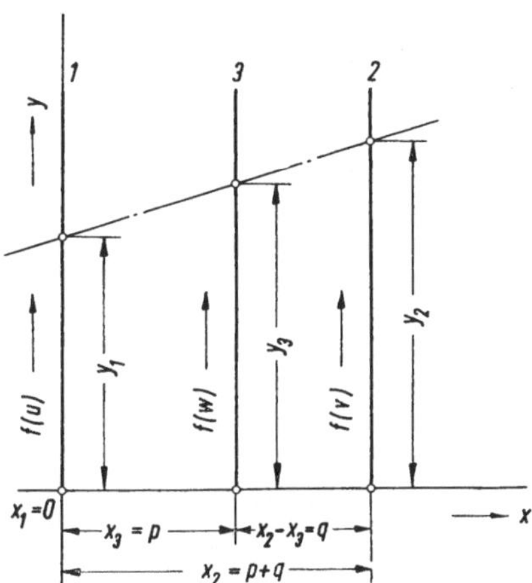

Bild 85. Nomogramm mit drei parallelen Leitern

Setzt man diese Sonderbedingungen in die allgemeine Schlüsselgleichung (84) ein, so erhält man die Beziehung:

$$y_1\,(p + q - p) + y_2\,(p - 0) + y_3\,(0 - p - q) = 0$$

$$y_1 \cdot q + y_2 \cdot p - y_3\,(p + q) = 0$$

$$y_1 \cdot q + y_2 \cdot p = y_3\,(p + q) \qquad (85)$$

Nach Abschnitt III. B. 1. b, Bild 27, entsprechen die Leiterlängen y_1, y_2 und y_3 der Gleichung (85) den Leiterlängen a, b und c der Gleichung (10), so daß die Gleichungen (85) und (10) identisch sind.

V. Anwendungsbeispiele

A. Ermittlung der Schnittgeschwindigkeit

Die Schnittgeschwindigkeit v eines Drehkörpers wird nach der Formel

$$v = \frac{d \pi n}{1000} \tag{86}$$

berechnet.

Hierin bedeuten: v die Schnittgeschwindigkeit in m/min
d den Werkstückdurchmesser in mm
n die Drehzahl in 1/min

Die Gleichung ist im Nomogramm Bild 86 dargestellt (siehe III. B. 3).

Ablesebeispiel:

a) Schnittgeschwindigkeit $v = \dfrac{d \pi n}{1000}$

Der Werkstückdurchmesser beträgt 70 mm, die Drehzahl 100 1/min.
Wie groß ist die Schnittgeschwindigkeit?
Die Fluchtlinie von $d = 70$ mm nach $n = 100$ 1/min ergibt eine Schnitt-
geschwindigkeit $v = 22$ m/min.

b) Drehzahl $n = \dfrac{1000\,v}{d \pi}$

Der Werkstückdurchmesser beträgt 110 mm, die zulässige Schnittgeschwindigkeit 14 m/min. Welche Drehzahl ist zu wählen?
Die Fluchtlinie von $d = 110$ mm nach $v = 14$ m/min ergibt eine Drehzahl $n = 40$ 1/min.

c) Werkstückdurchmesser $d = \dfrac{1000\,v}{n \pi}$

Für einen Arbeitsgang beträgt die zulässige Schnittgeschwindigkeit
14 m/min. Durch den Antrieb ist eine Drehzahl von 40 1/min vorgegeben.
Wie groß darf der Werkstückdurchmesser sein, damit die zulässige
Schnittgeschwindigkeit nicht überschritten wird?
Die Fluchtlinie von $n = 40$ 1/min nach $v = 14$ m/min ergibt den größten
Durchmesser $d = 110$ mm.

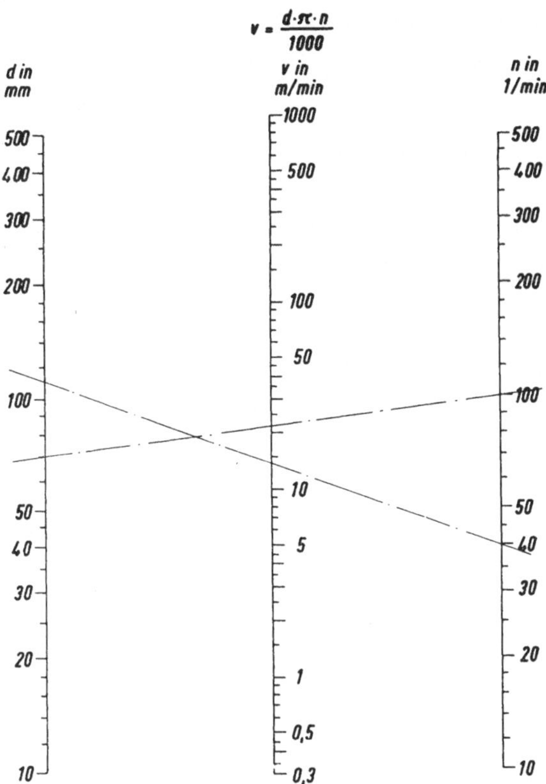

Bild 86. Nomogramm zur Ermittlung der Schnittgeschwindigkeit

A **Aufgaben**

1. Die Drehzahl einer Bohrspindel beträgt 300 ^{1}/min, der Durchmesser des Bohrers 40 mm. Wie groß ist die Schnittgeschwindigkeit?

2. Ein Werkstück von 350 mm Durchmesser darf mit einer Schnittgeschwindigkeit von 80 m/min bearbeitet werden. Wie hoch kann die Drehzahl gewählt werden?

3. Eine Bohrspindel arbeitet mit 90 ^{1}/min. Der zu bearbeitende Werkstoff läßt eine Schnittgeschwindigkeit von höchstens 6 m/min zu. Bis zu welchem Bohrungsdurchmesser kann mit dieser Drehzahl gearbeitet werden?

B. Bestimmung des Schwungmomentes

Das Schwungmoment eines Zylinders ist:

$$GD^2 = \frac{G}{2}\,d^2 \cdot 10^{-6} \qquad (87)$$

Hierin bedeuten: GD^2 das Schwungmoment in kpm²

                    G das Gewicht in kp

                    d den Durchmesser in mm

Das Gewicht ergibt sich aus:

$$G = \frac{d^2\,\pi}{4}\,l\,\gamma \cdot 10^{-6} \qquad (88)$$

Hierin bedeuten: G das Gewicht in kp

                    d den Durchmesser in mm

                    l die Länge des Zylinders in mm

                    γ die Wichte in kp/dm³

Im Nomogramm Bild 87 sind die beiden Gleichungen dargestellt. Dabei wurde für $\gamma = 7{,}8$ kp/dm³ gesetzt (siehe III. B. 5).

Ablesebeispiel:

Gegeben ist ein Eisenzylinder von 35 mm Durchmesser und 56 mm Länge. Wie groß sind sein Gewicht und sein Schwungmoment?

Die Fluchtlinie von $d = 35$ mm nach $l = 56$ mm ergibt ein Gewicht $G = 0{,}42$ kp und ein Schwungmoment $GD^2 = 0{,}00025$ kpm².

$\boxed{\text{B}}$ Aufgaben

1. Eine Riemenscheibe aus Gußeisen hat einen Durchmesser von 90 mm und eine Länge von 30 mm.

    a) Wieviel wiegt sie?

    b) Wie groß ist ihr Schwungmoment?

    c) Wie groß sind Gewicht und Schwungmoment bei einer Riemenscheibe aus Aluminium mit denselben Abmessungen? Die Wichte für Aluminium beträgt 2,7 kp/dm³.

2. Ein eiserner Ring hat folgende Abmessungen:

    Außendurchmesser d_a = 130 mm

    Innendurchmesser d_i =   50 mm

    Breite (Länge) l =   80 mm

    a) Wie groß ist das Gewicht?

    b) Wie groß ist das Schwungmoment?

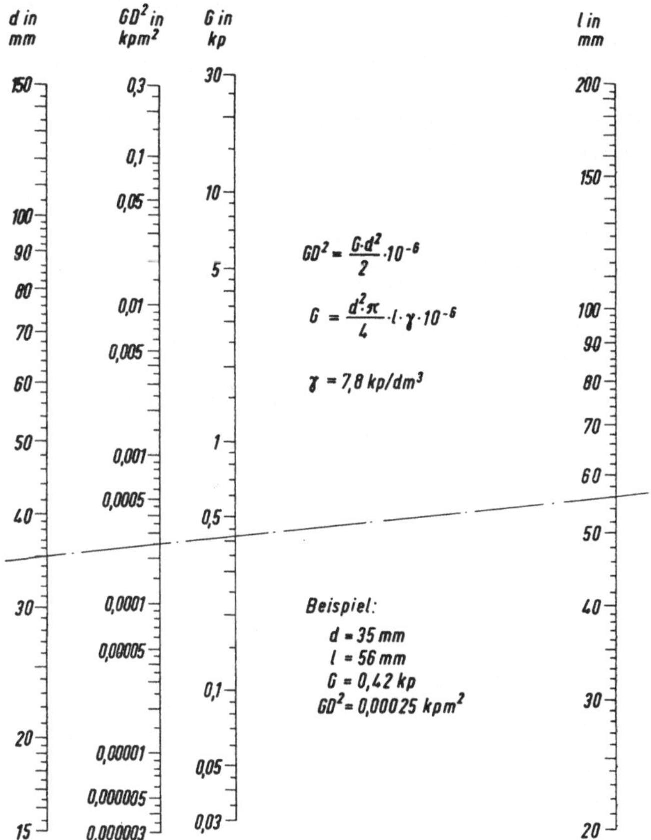

Bild 87
Nomogramm zur Bestimmung des Schwungmoments eines Eisenzylinders

3. Für die Untersuchung eines Antriebs wird eine Walze mit einem Schwungmoment von 0,02 kpm² benötigt. Der Durchmesser muß 100 mm betragen. Die Walze wird aus Eisen hergestellt.

a) Wie lang muß die Walze werden?

b) Wieviel wiegt sie?

C. Umrechnen von Schwungmomenten auf andere Drehzahlen

Schwungmomente von Körpern gleicher Drehzahl werden addiert. Bei verschiedenen Drehzahlen müssen sie jedoch auf eine gemeinsame Drehzahl — im allgemeinen die Motordrehzahl — bezogen werden. Die Umrechnung eines Schwungmoments auf eine andere Drehzahl erfolgt nach der Beziehung:

$$(GD^2)_2 \cdot n_2{}^2 = (GD^2)_1 \cdot n_1{}^2 \tag{89}$$

bzw.

$$(GD^2)_2 = (GD^2)_1 \cdot \frac{n_1{}^2}{n_2{}^2} \tag{90}$$

Hierin bedeuten: GD^2 das Schwungmoment in kpm²

$\qquad\qquad n \quad$ die Drehzahl in ¹/min

Das Nomogramm Bild 88 ist nach Gl. (89) gezeichnet (siehe hierzu auch III. B. 6).

Ablesebeispiel:

Ein Motor hat über ein Dreistufengetriebe ein Schwungmoment von 8 kpm² zu beschleunigen. Die Stufen des Getriebes sind 20 : 1, 30 : 1 und 50 : 1. Die Motordrehzahl beträgt nach dem Hochlauf 2800 ¹/min. Wie groß sind die jeweils auf die Motorwelle bezogenen Schwungmomente?

Für die Getriebestufen ergeben sich die Drehzahlen zu 2800 : 20 = = 140 ¹/min, 2800 : 30 = 93,3 ¹/min und 2800 : 50 = 56 ¹/min. Aus dem Nomogramm erhält man für $n_1 = 140$ ¹/min und $(GD^2)_1 = 8$ kpm² die Fluchtlinie I a, die auf der Zapfenlinie den Schnittpunkt P_1 ergibt. Die Fluchtlinie I b durch $n_2 = 2800$ ¹/min und P_1 ergibt das auf 2800 ¹/min bezogene Schwungmoment $(GD^2)_2 = 0,02$ kpm². Entsprechend erhält man für die beiden anderen Stufen die Schwungmomente $GD^2 = = 0,0089$ kpm² und 0,0032 kpm².

[C]   **Aufgaben**

1. Das Schwungmoment einer Seiltrommel beträgt 4 kpm². Die Trommel wird von einem Elektromotor über ein Getriebe angetrieben. Die Drehzahl des Motors beträgt 1400 ¹/min, die der Seiltrommel 80 ¹/min. Wie groß ist das auf die Motorwelle bezogene Schwungmoment der Seiltrommel?

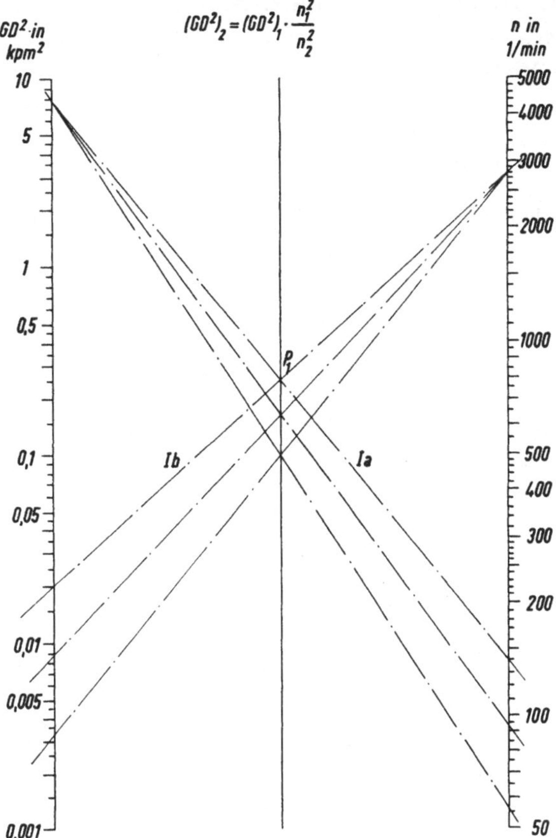

Bild 88. Nomogramm zur Umrechnung von Schwungmomenten
auf andere Drehzahlen

2. Ein Getriebemotor mit einer Drehzahl von 900 ¹/min kann, auf diese Drehzahl
bezogen, ein Schwungmoment von 0,002 kpm² beschleunigen. Die Abtriebs-
drehzahl beträgt 200 ¹/min. Wie groß darf das anzutreibende Schwungmoment
sein, ohne daß der Motor überlastet wird?

D. Kritische Drehzahl einer Welle mit zwei Lagern

Die kritische Drehzahl einer Welle mit zwei Lagern wird nach der
Gleichung

$$n = 675\,000 \sqrt{\frac{d^4}{l^3\,G} \cdot 10^{-1}} \qquad (91)$$

berechnet.

Hierin bedeuten: n die kritische Drehzahl in $1/\text{min}$

$\qquad\qquad\quad d$ den Wellendurchmesser in mm

$\qquad\qquad\quad l$ den Lagerabstand in mm

$\qquad\qquad\quad G$ das Gewicht der Welle einschließlich Riemenscheibe usw. in kp

In Gl. (91) ist ein Elastizitätsmodul von $E = 2\,150\,000\ \text{kp/cm}^2$ eingesetzt. Bild 89 zeigt das Nomogramm für diese Gleichung (siehe hierzu
auch III. B. 6).

Ablesebeispiel:

Der Durchmesser einer Welle beträgt 42 mm, der Lagerabstand 500 mm
und das Gewicht 12 kp. Wie groß ist die kritische Drehzahl?
Die Fluchtlinie I von $d = 42$ mm nach $l = 500$ mm ergibt auf der
Zapfenlinie einen Schnittpunkt; durch ihn geht die Fluchtlinie II nach
$G = 12$ kp, sie ergibt auf der n-Leiter die kritische Drehzahl $n =$
$= 9800\ 1/\text{min}$.

Die Aufgabe wird meistens umgekehrt gestellt:

Die Drehzahl einer Welle beträgt $9800\ 1/\text{min}$, das Gewicht 12 kp und
der Lagerabstand 500 mm. Wie groß muß der Wellendurchmesser sein?

Man zeichnet zuerst die Fluchtlinie II durch $G = 12$ kp und
$n = 9800\ 1/\text{min}$ und erhält auf der Zapfenlinie einen Schnittpunkt. Die
durch ihn und $l = 500$ mm gehende Fluchtlinie ergibt den Wellendurchmesser $d = 42$ mm.

$\boxed{\text{D}}$ **Aufgabe**

Für eine schnellaufende Maschine mit einer Betriebsdrehzahl von $30\,000\ 1/\text{min}$ ist
der Wellendurchmesser zu bestimmen. Der Lagerabstand beträgt 350 mm. Außer
dem Eigengewicht der Welle wirkt eine Belastung von 4 kp. Wie groß muß der
Durchmesser der Welle gewählt werden, wenn die kritische Drehzahl 20% über
der Betriebsdrehzahl liegen muß? Die Wichte des Wellenmaterials beträgt
$7{,}8\ \text{kp/dm}^3$.

$$n = 675000 \sqrt{\frac{d^4}{l^3 \cdot G} \, 10^{-1}}$$

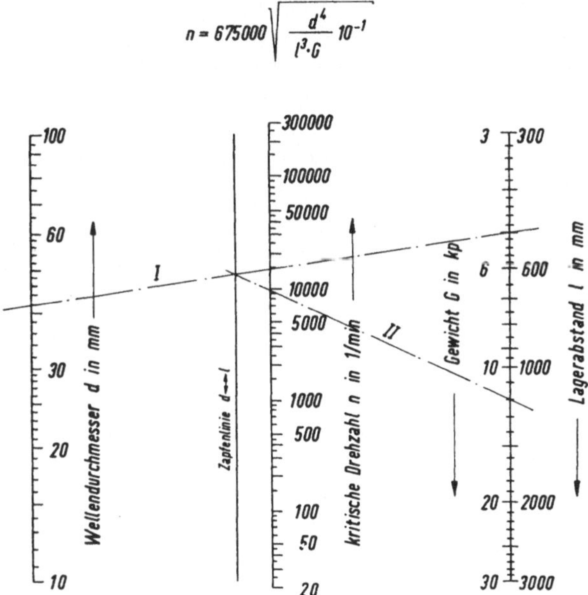

Bild 89. Nomogramm zur Bestimmung der kritischen Drehzahl

Anmerkung: Die kritische Drehzahl beträgt $1,2 \cdot 30\,000$ 1/min $= 36\,000$ 1/min. Das Gewicht der Welle, das zu der Belastung von 4 kp dazugezählt werden muß, ist zunächst unbekannt, da der Wellendurchmesser erst gefunden werden muß. Man begnügt sich zunächst mit einer Näherung, wobei man das Gewicht der Welle nicht berücksichtigt. Aus dem so erhaltenen Durchmesser berechnet man nun das Gewicht der Welle, zählt es zu 4 kp dazu und wiederholt die Berechnung so oft, bis sich der Wert für den Wellendurchmesser nicht mehr ändert.

An diesem Beispiel erkennt man den Vorteil eines Nomogramms gegenüber der Handrechnung besonders gut.

6*

E. Bestimmung von Mittelwerten

Bild 90 zeigt ein Nomogramm zur Bestimmung der arithmetischen Mittel für eine Reihe von Meßwerten a_1 bis a_5 (siehe hierzu III. B. 1 und 5). Je nach Bedarf ist zu bilden:

$$a_{m2} = \frac{a_1 + a_2}{2} \tag{92}$$

$$a_{m3} = \frac{a_1 + a_2 + a_3}{3} \tag{93}$$

$$a_{m4} = \frac{a_1 + a_2 + a_3 + a_4}{4} \tag{94}$$

$$a_{m5} = \frac{a_1 + a_2 + a_3 + a_4 + a_5}{5} \tag{95}$$

Ablesebeispiel:

Bei einer Wägung wurden folgende Einzelgewichte gefunden:

$a_1 = 16{,}2$ p, $a_2 = 19{,}4$ p, $a_3 = 18{,}1$ p, $a_4 = 14{,}3$ p, $a_5 = 16{,}5$ p. Wie groß ist der Mittelwert?

Fluchtlinie I von a_1 nach a_2 ergibt a_{m2} ($= 17{,}8$ p)
Fluchtlinie II von a_{m2} nach a_3 ergibt a_{m3} ($= 17{,}9$ p)
Fluchtlinie III von a_{m3} nach a_4 ergibt a_{m4} ($= 17{,}0$ p)
Fluchtlinie IV von a_{m4} nach a_5 ergibt $a_{m5} = 16{,}9$ p

Anmerkung: Die Werte a_{m2}, a_{m3} und a_{m4} sind bei diesem Beispiel nicht abzulesen. An diesen Punkten wird nur das Ableselineal um die Bleistiftspitze — wie durch die Pfeile angegeben — gedreht. Die Ablesetechnik ist bei diesem Nomogramm sehr wichtig.

E	**Aufgabe**

Bei einer Kontrollmessung wurden fünf zylindrische Werkstücke geprüft.

Folgende Maße ergaben sich bei der Längenmessung: 12,0 mm
13,6 mm
12,6 mm
13,0 mm
14,4 mm

bei der Prüfung des Durchmessers erhielt man: 21,0 mm
21,0 mm
21,9 mm
20,0 mm
21,5 mm

a) Wie groß ist der Mittelwert der Längen?

b) Wie groß ist der Mittelwert der Durchmesser?

$$a_{m2} = \frac{a_1 + a_2}{2}; \quad a_{m3} = \frac{a_1 + a_2 + a_3}{3}; \quad a_{m4} = \frac{a_1 + a_2 + a_3 + a_4}{4}; \quad a_{m5} = \frac{a_1 + a_2 + a_3 + a_4 + a_5}{5}$$

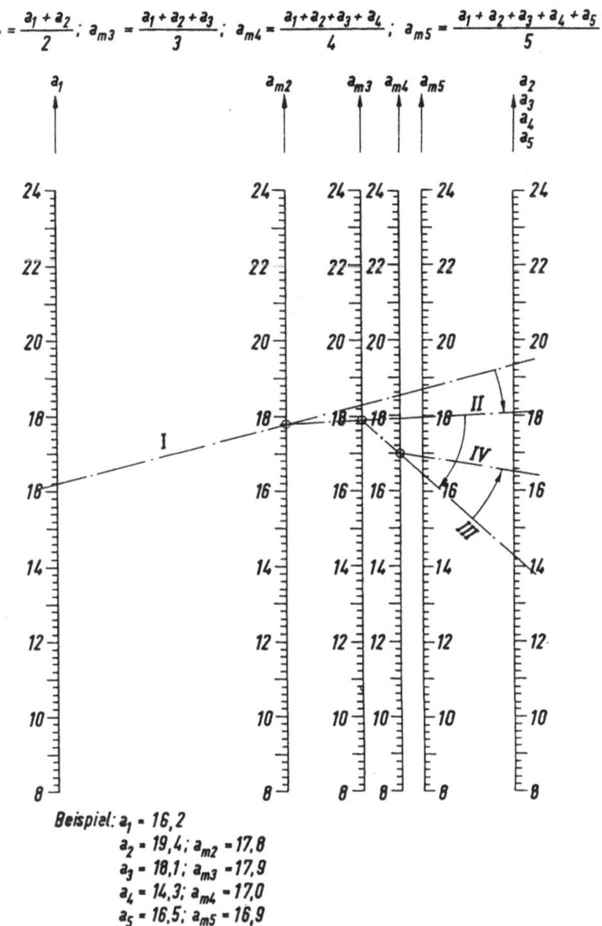

Bild 90. Nomogramm zur Bestimmung von Mittelwerten

F. Wirkungsgrad

Für den Wirkungsgrad gilt:

$$\eta = \frac{P_e}{P_i} \tag{96}$$

Hierin bedeuten: η den Wirkungsgrad

P_e die Nutzleistung

P_i die aufgewendete Leistung

Das Nomogramm Bild 91 stellt diese Beziehung dar (siehe auch III. C.).

Ablesebeispiel:

Ein Elektromotor treibt eine Seilwinde an. Die Hubleistung beträgt 5,1 PS. Der Wirkungsgrad der Seilwinde sei 0,83. Wie groß ist die Nutzleistung des Motors und die aufgewendete Leistung des Motors, wenn der Motorwirkungsgrad mit 0,92 angegeben wird?

Die Fluchtlinie I ergibt durch $P_e = 5,1$ PS und $\eta = 0,83$ die Nutzleistung des Motors zu 6,15 PS. Die Fluchtlinie II durch $P_e = 6,15$ PS und $\eta = 0,92$ ergibt die aufgewandte Motorleistung $P_i = 6,7$ PS.

Anmerkung: Das Nomogramm kann z. B. auch für die 10fachen Leistungen verwendet werden. Die Werte der PS-Leitern sind dann mit 10 zu multiplizieren, z. B. 51 PS, 61,5 PS und 67 PS.

$\boxed{\text{F}}$ **Aufgaben**

1. Die aufgewandte Leistung des Antriebsmotors einer Kreiselpumpe beträgt 8,4 PS. Wie groß ist die Nutzleistung der Pumpe, wenn der Wirkungsgrad des Motors 82% und der Wirkungsgrad der Kreiselpumpe 69% beträgt?

2. Ein Schrägaufzug benötigt eine Nutzleistung von 9,8 PS. Er wird über ein Getriebe von einem Motor angetrieben. Welche Leistung muß dem Motor zugeführt werden, wenn für den Getriebewirkungsgrad 0,78 und für den Motorwirkungsgrad 0,87 angenommen werden?

3. Ein Elektromotor wird mit 6 kW belastet. Der Wirkungsgrad beträgt 88%. Der Leistungsfaktor ist mit 0,95 angegeben.

   a) Wie groß ist die vom Motor aufgenommene Leistung?

   b) Wie groß ist die Scheinleistung des Motors?

$$\eta = \frac{P_e}{P_i}$$

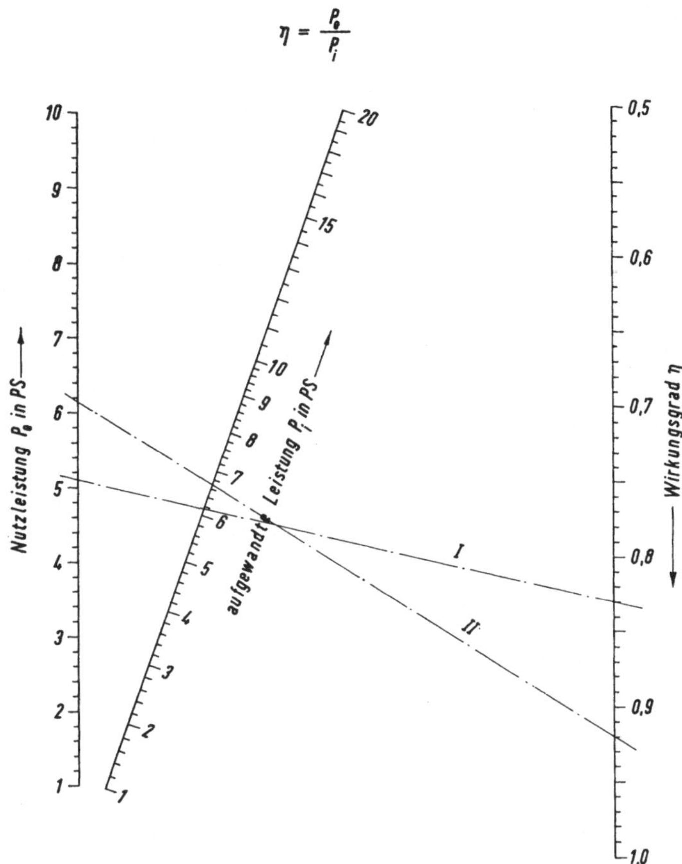

Bild 91. Nomogramm zur Bestimmung des Wirkungsgrades $\eta = \dfrac{P_e}{P_i}$

Anmerkung: Die Formel $\eta = P_e/P_i$ gilt ebenso, wenn die Leistungen in kW eingesetzt werden. Also kann das Nomogramm auch benutzt werden, wenn die Leistungen in kW gegeben sind, ohne daß dieselben in PS umgerechnet werden müssen.

Für den Leistungsfaktor $\cos\varphi$ gilt die zur Gleichung (96) analoge Formel $\cos\varphi = P_w/P_s$, worin die vom Motor aufgenommene Leistung (Wirkleistung) mit P_w und die Scheinleistung mit P_s bezeichnet wird. Somit kann das Nomogramm auch für diese Formel verwendet werden.

G. Bestimmung des Leistungsfaktors

Durch eine besondere Schaltung zweier Wattmeter in Drehstromnetzen ist es möglich, aus deren Ausschlägen α_1 und α_2 den Leistungsfaktor $\cos\varphi$ zu bestimmen. Hierfür gilt die Gleichung:

$$\cos\varphi = \sqrt{\dfrac{1}{1 + 3\left(\dfrac{\dfrac{\alpha_1}{\alpha_2} - 1}{\dfrac{\alpha_1}{\alpha_2} + 1}\right)^2}} \tag{97}$$

Diese Beziehung ist in dem Nomogramm Bild 92 dargestellt (siehe III. C).

Ablesebeispiel:

a) cos φ > 0,5

Gemessen wurden die Wattmeterausschläge $\alpha_1 = 39$ Skalenteile und $\alpha_2 = 100$ Skalenteile. Wie groß ist der Leistungsfaktor? Beide Ausschläge sind positiv, also ist auch $\dfrac{\alpha_1}{\alpha_2}$ positiv. Man erhält also $\cos\varphi = 0{,}8$. Bei der Ablesung spielt es keine Rolle, welcher Ausschlag mit α_1 und welcher mit α_2 bezeichnet wird.

b) cos φ < 0,5

Gemessen wurden die Wattmeterausschläge $\alpha_1 = -39$ Skalenteile und $\alpha_2 = 100$ Skalenteile. Wie groß ist der Leistungsfaktor? Ein Ausschlag ist hier negativ, also ist auch $\dfrac{\alpha_1}{\alpha_2}$ negativ. Somit beträgt der Leistungsfaktor $\cos\varphi = 0{,}245$. Auch hierbei spielt es keine Rolle, welcher Ausschlag mit α_1 und welcher mit α_2 bezeichnet wird.

$\boxed{\text{G}}$ Aufgaben

1. Die beiden Wattmeter zeigen bei der Leistungsmessung an einem elektrischen Ofen $\alpha_1 = 95$ Skalenteile und $\alpha_2 = 86$ Skalenteile. Wie groß ist der Leistungsfaktor?

2. Bei der Leistungsmessung an einer Drossel betragen die beiden Wattmeterausschläge $\alpha_1 = 132$ Skalenteile und $\alpha_2 = 10$ Skalenteile. Der Ausschlag α_2 ist negativ. Wie groß ist der Leistungsfaktor der Drossel?

$$\cos \varphi = \sqrt{\dfrac{1}{1 + 3\left(\dfrac{\dfrac{\alpha_1}{\alpha_2} - 1}{\dfrac{\alpha_1}{\alpha_2} + 1}\right)^2}}$$

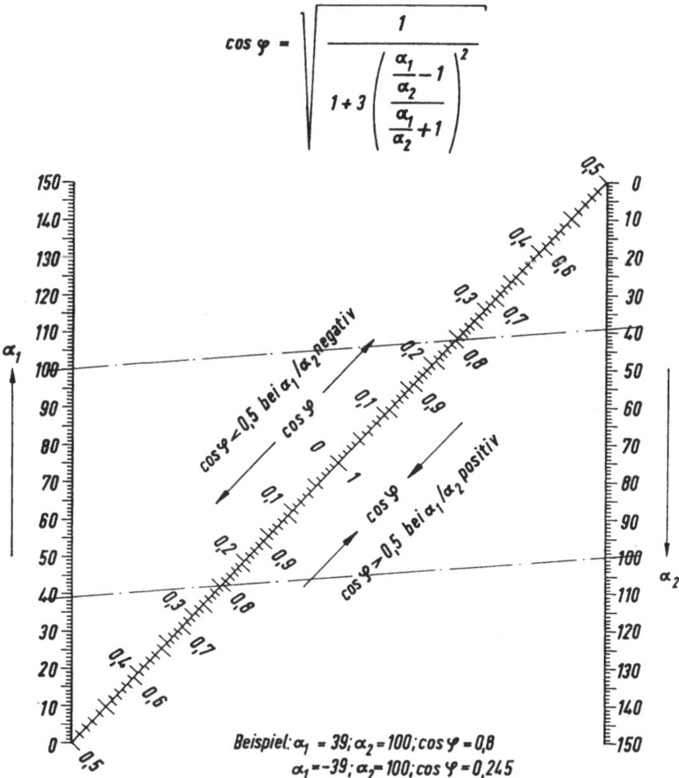

Bild 92. Nomogramm zur Bestimmung des Leistungsfaktors aus den Wattmeterausschlägen α_1 und α_2

3. An einem Elektromotor werden bei verschiedenen Belastungen folgende Wattmeterausschläge gemessen:

a) bei Vollast: $\alpha_1 = 98$, $\alpha_2 = \quad 64$

b) bei Halblast: $\alpha_1 = 86$, $\alpha_2 = \quad 17$

c) bei Leerlauf: $\alpha_1 = 51$, $\alpha_2 = -24$

Wie groß sind die Leistungsfaktoren bei den verschiedenen Belastungen?

Anmerkung: Messungen dieser Art zur Bestimmung des Leistungsfaktors können nur bei Drehstrom durchgeführt werden.

H. Parallelschaltung von elektrischen Widerständen

Für die Parallelschaltung von zwei elektrischen Widerständen gilt:

$$\frac{1}{R_{ges2}} = \frac{1}{R_1} + \frac{1}{R_2} \tag{98}$$

und für die von drei Widerständen:

$$\frac{1}{R_{ges\,3}} = \frac{1}{R_1} + \frac{1}{R_2} + \frac{1}{R_3} \tag{99}$$

Hierin bedeuten: R_1, R_2 und R_3 die Einzelwiderstände

R_{ges2} und R_{ges3} die resultierenden Widerstände

Beide Gleichungen werden durch das Nomogramm Bild 93 dargestellt (siehe hierzu auch III. D.).

Ablesebeispiel:

Eine Parallelschaltung besteht aus den beiden Einzelwiderständen $R_1 = 14{,}5\ \Omega$ und $R_2 = 16{,}7\ \Omega$. Wie groß ist der Gesamtwiderstand R_{ges2}? Welcher Widerstand muß noch zugeschaltet werden, damit der resultierende Widerstand $5{,}1\ \Omega$ beträgt?

Die Fluchtlinie I durch $R_1 = 14{,}5\ \Omega$ und $R_2 = 16{,}7\ \Omega$ ergibt $R_{ges2} = 7{,}75\ \Omega$. Die Fluchtlinie II durch $R_{ges2} = 7{,}75\ \Omega$ und $R_{ges3} = 5{,}1\ \Omega$ ergibt für den dritten Widerstand $R_3 = 14{,}7\ \Omega$.

Anmerkung: Das Nomogramm erlaubt auch, den Gesamtwiderstand von mehr als drei parallel geschalteten Widerständen zu bestimmen. Hat man den Wert $R_{ges\,3}$ aus drei parallel geschalteten Widerständen ermittelt, so wechselt man mit diesem Wert auf die $R_{ges\,2}$-Leiter. Man erhält dann auf der $R_{ges\,3}$-Leiter den Wert für vier parallel geschaltete Widerstände $R_{ges\,4}$. Entsprechend kann bei beliebig vielen Einzelwiderständen verfahren werden, sofern die Bereiche der Leitern für R_{ges} ausreichen. Für die Benutzung des Nomogramms spielt es keine Rolle, welcher Einzelwiderstand mit R_1, R_2, R_3 usw. bezeichnet wird. Das gilt entsprechend für das Nomogramm Bild 76.

$\boxed{\text{H}}$ Aufgaben

1. Drei Widerstände von $11{,}2\ \Omega$, $14{,}3\ \Omega$ und $13{,}8\ \Omega$ werden parallel geschaltet.

   a) Wie groß ist der Gesamtwiderstand?

   b) Wie groß ist der jeweilige Gesamtwiderstand, wenn wahlweise $11{,}2\ \Omega$ und $14{,}3\ \Omega$, $14{,}3\ \Omega$ und $13{,}8\ \Omega$ sowie $13{,}8\ \Omega$ und $11{,}2\ \Omega$ parallel geschaltet werden?

$$R_{ges_2} = \cfrac{1}{\cfrac{1}{R_1} + \cfrac{1}{R_2}} \qquad\qquad R_{ges_3} = \cfrac{1}{\cfrac{1}{R_1} + \cfrac{1}{R_2} + \cfrac{1}{R_3}}$$

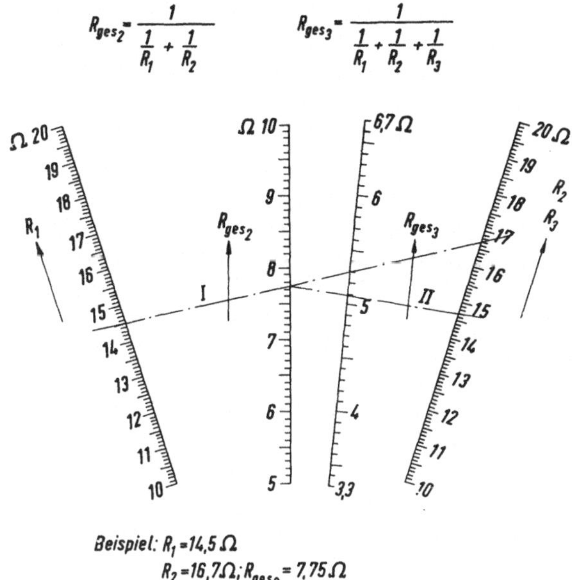

Beispiel: $R_1 = 14{,}5\,\Omega$
$R_2 = 16{,}7\,\Omega;\ R_{ges_2} = 7{,}75\,\Omega$
$R_3 = 14{,}7\,\Omega;\ R_{ges_3} = 5{,}09\,\Omega$

Bild 93. Nomogramm zur Bestimmung des Gesamtwiderstandes bei parallel geschalteten Widerständen

2. Eine Parallelschaltung besteht aus den vier Widerständen

$$R_1 = 18{,}0\,\Omega \qquad R_2 = 18{,}5\,\Omega$$
$$R_3 = 16{,}8\,\Omega \qquad R_4 = 15{,}7\,\Omega$$

Wie ändert sich jeweils der gesamte Widerstand, wenn die Widerstände R_2, R_3 und R_4 stufenweise zu R_1 zugeschaltet werden?

Nomogrammtyp und Funktionsgleichung	Aufbau des Nomogramms	Schlüsselgleichung	Maßstäbe	Koordinaten	Sonderbedingungen
Summentafel $f(x) + f(y) = f(z)$		$a + b = 2c$	$m_x = m_y = 2\,m_z$ $m_z = \dfrac{m_x}{2} = \dfrac{m_y}{2}$	$a = m_x \cdot f(x)$ $b = m_y \cdot f(y)$ $c = m_z \cdot f(z)$	gleich lange Leitern bei $f(x) = f(y)$
		$a \cdot q + b \cdot p = c\,(p + q)$	$m_x = m_y \dfrac{p}{q} = m_z \dfrac{p+q}{q}$ $m_y = m_x \dfrac{q}{p} = m_z \dfrac{p+q}{p}$ $m_z = m_x \dfrac{q}{p+q} = m_y \dfrac{p}{p+q}$		gleich lange Leitern bei $\dfrac{f(y)}{f(x)} = \dfrac{p}{q}$ $\dfrac{f(x)}{f(z)} = \dfrac{q}{p+q}$; $\dfrac{f(y)}{f(z)} = \dfrac{p}{p+q}$
Z-Tafel $\dfrac{f(x)}{f(y)} = f(z)$		$\dfrac{a}{b} = \dfrac{c}{l-c}$	m_x m_y	$a = m_x \cdot f(x)$ $b = m_y \cdot f(y)$ $c = \dfrac{l \cdot f(z)}{\dfrac{m_y}{m_x} + f(z)}$	
Kehrwerttafel $\dfrac{1}{f(x)} + \dfrac{1}{f(y)} = \dfrac{1}{f(z)}$		$\dfrac{1}{a} + \dfrac{1}{b} = \dfrac{1}{c} \cdot 2 \cos \dfrac{\alpha}{2}$	$m_x = m_y = \dfrac{m_z}{2 \cos \dfrac{\alpha}{2}}$ $m_z = m_x \cdot 2\cos \dfrac{\alpha}{2} = m_y \cdot 2\cos \dfrac{\alpha}{2}$	$a = m_x \cdot f(x)$ $b = m_y \cdot f(y)$ $c = m_z \cdot f(z)$	gleich lange Außenleitern bei $f(x) = f(y)$
		$\dfrac{1}{a} \sin \beta + \dfrac{1}{b} \sin \alpha =$ $= \dfrac{1}{c} \sin (\alpha + \beta)$	$m_x = m_y \dfrac{\sin \beta}{\sin \alpha} = m_z \dfrac{\sin \beta}{\sin (\alpha + \beta)}$ $m_y = m_x \dfrac{\sin \alpha}{\sin \beta} = m_z \dfrac{\sin \alpha}{\sin (\alpha + \beta)}$ $m_z = m_x \dfrac{\sin(\alpha+\beta)}{\sin \beta} = m_y \dfrac{\sin(\alpha+\beta)}{\sin \alpha}$		gleich lange Außenleitern bei $\dfrac{f(x)}{f(y)} = \dfrac{\sin \alpha}{\sin \beta}$

Lösungen

$\boxed{A}$ Seite 68

1. Die Fluchtlinie von $n = 300\ ^1/\text{min}$ nach $d = 40$ mm ergibt $v = 38$ m/min
2. Die Fluchtlinie von $d = 350$ mm nach $v = 80$ m/min ergibt $n = 73\ ^1/\text{min}$
3. Die Fluchtlinie von $n = 90\ ^1/\text{min}$ nach $v = 6$ m/min ergibt $d = 21$ mm

$\boxed{B}$ Seite 70

1. Die Fluchtlinie von $d = 90$ mm nach $l = 30$ mm ergibt:
   a) $G = 1,5$ kp   b) $GD^2 = 0,006$ kpm²
   c) Die Ergebnisse der Aufgaben a) und b) werden mit dem Quotienten der

Wichtezahlen multipliziert. $G = 1,5\ \text{kp} \cdot \dfrac{2,7}{7,8} = 0,52$ kp,

$$GD^2 = 0,006\ \text{kpm}^2 \cdot \frac{2,7}{7,8} = 0,0021\ \text{kpm}^2$$

2. Man berechnet Vollzylinder und Hohlzylinder und bildet die Differenz:
   a) $G = 8,3\ \text{kp} - 1,2\ \text{kp} = 7,1$ kp
   b) $GD^2 = 0,07\ \text{kpm}^2 - 0,0015\ \text{kpm}^2 = 0,0685$ kpm²
3. Die Fluchtlinie von $d = 100$ mm nach $GD^2 = 0,02$ kpm² ergibt:
   a) $l = 65$ mm   b) $G = 4$ kp

$\boxed{C}$ Seite 72

1. Die Fluchtlinie $GD^2 = 4$ kpm² nach $n = 80\ ^1/\text{min}$ ergibt einen Punkt auf der Zapfenlinie ($GD^2 = 4$ kpm² und $n = 80\ ^1/\text{min}$ gehören zur Seiltrommel). Die durch diesen Punkt und durch $n = 1400\ ^1/\text{min}$ gehende zweite Fluchtlinie ergibt $GD^2 = 0,013$ kpm² ($GD^2 = 0,013$ kpm² und $n = 1400\ ^1/\text{min}$ gehören zum Motor).
2. Die Fluchtlinie von $n = 900\ ^1/\text{min}$ nach $GD^2 = 0,002$ kpm² (Motor) ergibt einen Punkt auf der Zapfenlinie. Die durch diesen Punkt und durch $n = 200\ ^1/\text{min}$ gehende zweite Fluchtlinie ergibt $GD^2 = 0,04$ kpm² (Getriebe).

$\boxed{D}$ Seite 74

Erste Rechnung mit $G = 4$ kp: Die Fluchtlinie von $G = 4$ kp nach $n = 36\ 000\ ^1/\text{min}$ ergibt einen Punkt auf der Zapfenlinie. Eine durch $l = 350$ mm gehende zweite Fluchtlinie ergibt einen vorläufigen Wellendurchmesser $d = 47$ mm.

Zweite Rechnung: Gewicht der Welle $= d^2\, \dfrac{\pi}{4}\, l\, \gamma = 0,47^2 \cdot \dfrac{\pi}{4} \cdot 3,5 \cdot 7,8 = 4,7$ kp

$G = 4\ \text{kp} + 4,7\ \text{kp} = 8,7$ kp
Man erhält dafür $d = 57$ mm
Dritte Rechnung: Gewicht der Welle $= 6,8$ kp. $G = 4\ \text{kp} + 6,8\ \text{kp} = 10,8$ kp
Man erhält dafür $d = 60$ mm
Vierte Rechnung: Gewicht der Welle $= 7,5$ kp. $G = 4\ \text{kp} + 7,5\ \text{kp} = 11,5$ kp
Man erhält dafür $d = 61$ mm
Letzte Rechnung: Die vierte Rechnung ergab nur noch eine geringe Änderung des Wellendurchmessers gegenüber der dritten Rechnung. Aus Gründen der Sicherheit wählt man $d = 65$ mm. Zur Kontrolle berechnet man mit diesem endgültigen Durchmesser die kritische Drehzahl.

Gewicht der Welle $= 9$ kp. $G = 4$ kp $+ 9$ kp $= 13$ kp. Die Fluchtlinie von $d = 65$ mm nach $l = 350$ mm ergibt einen Punkt auf der Zapfenlinie. Eine zweite Fluchtlinie durch diesen Punkt nach $G = 13$ kp ergibt $n = 38\,000$ ^{1}/min. Das sind 27% über der Betriebsdrehzahl.

$\boxed{\text{E}}$ Seite 76

a) 13,1 mm   b) 21,1 mm

$\boxed{\text{F}}$ Seite 78

1. Die Fluchtlinie von $\eta = 0,82$ nach $P_i = 8,4$ PS ergibt $P_e = 6,9$ PS für den Motor. Die Fluchtlinie von $\eta = 0,69$ nach $P_i = 6,9$ PS ergibt $P_e = 4,75$ PS für die Pumpe.
2. Die Fluchtlinie von $\eta = 0,78$ nach $P_e = 9,8$ PS ergibt $P_i = 12,6$ PS für den Schrägaufzug. Da die P_e-Leiter bei 10 PS endet, muß die Rechnung bei 1,26 PS weitergeführt werden. Das Ableseergebnis wird dann mit 10 multipliziert, um den tatsächlichen Wert für die Leistung zu erhalten. So ergibt die Fluchtlinie von $P_e = 1,26$ PS nach $\eta = 0,87$ den Ablesewert $P_i = 1,45$ PS. Das wirkliche Ergebnis ist dann $P_i = 10 \cdot 1,45$ PS $= 14,5$ PS für den Motor.
3. a) Die Fluchtlinie von $P_e = 6$ kW (im Nomogramm 6 PS) nach $\eta = 0,88$ ergibt $P_i = 6,8$ kW (im Nomogramm 6,8 PS).
   b) Es ist $P_i = P_w = 6,8$ kW. Die Fluchtlinie von 6,8 kW (PS) auf der P_e-Leiter nach $\cos \varphi = 0,95$ (im Nomogramm $\eta = 0,95$) ergibt auf der P_i-Leiter die Scheinleistung $P_s = 7,2$ kVA (7,2 PS). Die Scheinleistung wird in kVA angegeben.

$\boxed{\text{G}}$ Seite 80

1. α_1/α_2 ist positiv, also ist $\cos \varphi > 0,5$. Der Leistungsfaktor liegt zwischen 0,99 und 1, etwa bei 0,995
2. α_1/α_2 ist negativ, also ist $\cos \varphi < 0,5$. Der Leistungsfaktor beträgt 0,445
3. a) $\cos \varphi = 0,94$ (α_1/α_2 positiv)
   b) $\cos \varphi = 0,65$ (α_1/α_2 positiv)
   c) $\cos \varphi = 0,2$ (α_1/α_2 negativ)

$\boxed{\text{H}}$ Seite 82

1. a) Die Fluchtlinie von $R_1 = 11,2\,\Omega$ nach $R_2 = 14,3\,\Omega$ ergibt auf der $R_{ges\,2}$-Leiter einen Wert, der nicht abgelesen wird. Um diesen Wert wird das Ableselineal nach $R_3 = 13,8\,\Omega$ gedreht. Man erhält $R_{ges\,3} = 4,32\,\Omega$.
   b) Die beiden Widerstände werden wahlweise mit R_1 und R_2 bezeichnet. Auf der $R_{ges\,2}$-Leiter erhält man für
   $11,2\,\Omega \parallel 14,3\,\Omega$, $R_{ges} = 6,3\,\Omega$
   $14,3\,\Omega \parallel 13,8\,\Omega$, $R_{ges} = 7,0\,\Omega$
   $13,8\,\Omega \parallel 11,2\,\Omega$, $R_{ges} = 6,2\,\Omega$
2. $18,0\,\Omega \parallel 18,5\,\Omega$ ergibt $9,12\,\Omega$ auf der $R_{ges\,2}$-Leiter
   $9,12\,\Omega \parallel 16,8\,\Omega$ ergibt $5,9$ Ω auf der $R_{ges\,3}$-Leiter
   Nun wird mit $5,9\,\Omega$ auf die $R_{ges\,2}$-Leiter übergewechselt, dann ergibt
   $5,9\,\Omega \parallel 15,7\,\Omega$ auf der $R_{ges\,3}$-Leiter $4,3\,\Omega$